U0312906

普通高等教育"十二五"规划教材

基于 Java 的软件开发全过程实战

周雪芹　编著

科学出版社

北　京

内 容 简 介

本书是"教育部、财政部职业院校教师素质提高计划-本科计算机科学与技术专业职教师资培养资源开发项目"的一门实践类课程的教材。本书从基本原理入手，介绍软件架构设计过程中涉及的一些概念、流程、方法、用到的 JavaWeb 重点知识等，通过介绍具体的案例来阐述如何定义需求、创建逻辑架构、进行详细开发等。

本书适合有志于从事软件开发的初学者、高校计算机相关专业的学生和毕业生阅读，可作为软件开发人员的参考手册，也可作为高校教师的教学参考书。

图书在版编目（CIP）数据

基于 Java 的软件开发全过程实战 / 周雪芹编著. —北京：科学出版社，
2016
普通高等教育"十二五"规划教材
ISBN 978-7-03-049156-5

Ⅰ. ①基⋯ Ⅱ. ①周⋯ Ⅲ. ①Java 语言-程序设计-师资培养教材
Ⅳ. ①TP312

中国版本图书馆 CIP 数据核字（2016）第 143492 号

责任编辑：石 悦 李淑丽 / 责任校对：郭瑞芝
责任印制：徐晓晨 / 封面设计：华路天然工作室

科 学 出 版 社 出版
北京东黄城根北街 16 号
邮政编码：100717
http://www.sciencep.com

北京中石油彩色印刷有限责任公司 印刷
科学出版社发行 各地新华书店经销
*
2016 年 6 月第 一 版 开本：787×1092 1/16
2018 年 1 月第二次印刷 印张：9 1/4
字数：219 000
定价：31.00 元
（如有印装质量问题，我社负责调换）

前　言

本书是根据教育部和财政部《关于实施职业院校教师素质提高计划的意见（教职成〔2011〕14号）》的精神和"教育部、财政部职业院校教师素质提高计划-本科计算机科学与技术专业职教师资培养资源开发项目"培养方案的要求，结合当前职教师资培养情况编写的主干系列教材之一。本书以"教育部、财政部职业院校教师素质提高计划-项目指南"和"教育部、财政部职业院校教师素质提高计划-本科计算机科学与技术专业职教师资培养资源开发项目"教学大纲为依据，以提高学生的科学文化素养和综合职业能力为目标，为职教师资培养奠定基础。

本书作为一门实践类课程的教材，从基本原理入手，介绍软件架构设计过程中涉及的一些概念、流程、方法、用到的 JavaWeb 重点知识等，通过介绍具体的案例来阐述如何定义需求、创建逻辑架构、进行详细开发等。

本书以项目为基础，涉及的知识点逐层递进，逐步扩展，介绍了一些可以应用到整个或部分的架构设计流程中的最佳方法。通过教学实践活动，来激发学生的学习主动性和创新性，学生在学习 JavaWeb 基本概念和基本理论的同时，获得设计和开发应用系统的实际经验。

建议实践周数为 2～3 周，不同学校及地区可以根据实际情况而定。本书可作为职教师资本科计算机相关专业 JavaWeb 实践类教材，也可以作为普通高校的实践类教材或实践类参考书。

本书由山东理工大学计算机科学与技术专业项目组编写。本书编写过程中"教育部、财政部职业院校教师素质提高计划职教师资培养资源开发项目"项目组的专家给了悉心指导和建议，在此表示衷心感谢！本书的编写得到了有关职业师资培训基地（中心）、兄弟院校、职业中专同行的支持，在此一并表示感谢！

由于编者水平有限，书中难免存在不足之处，恳请读者批评指正。

编　者

2015 年 11 月

目　录

第1章 JavaWeb-JSP

JSP 的全称是 Java Server Pages，它和 Servlet 技术一样，都是 Sun 公司定义的一种用于开发动态 Web 资源的技术。

JSP 这门技术的最大的特点在于，写 JSP 就像在写 HTML(HyperText Markup Language)，但它相比 HTML 而言，HTML 只能为用户提供静态数据，而 JSP 技术允许在页面中嵌套 Java 代码，为用户提供动态数据。

相比 Servlet 而言，Servlet 很难对数据进行排版，而 JSP 除了可以用 Java 代码产生动态数据，也很容易对数据进行版式上的控制。

不管是 JSP 还是 Servlet，虽然都可以用于开发动态 Web 资源。但由于这两门技术各自的特点，在长期的软件实践中，人们逐渐把 Servlet 作为 Web 应用中的控制器组件来使用，而把 JSP 技术作为数据显示模板来使用。其原因为，程序的数据通常要美化后再输出，让 JSP 既用 Java 代码产生动态数据，又做美化会导致页面难以维护；让 Servlet 既产生数据，又在里面嵌套 HTML 代码美化数据，同样也会导致程序可读性差，难以维护。

因此最好的办法就是根据这两门技术的特点，让它们各负其责，Servlet 只负责响应请求产生数据，并把数据通过转发技术带给 JSP，数据的显示由 JSP 负责。

1.1 JavaWeb-JSP 基础

1.1.1 项目 1 客户信息管理系统

1. 项目目标

学习 JSP 页面标签，能够利用 JSP 页面构建基础 Web 程序。

2. 项目描述

随着信息化时代的到来，计算机网络已不再是计算机人员和军事部门进行科研的领域，按业务分类包括了广告公司、航空公司、农业生产公司、艺术、导航设备、书店、化工、通信、计算机、咨询、娱乐、财贸、各类商店、旅馆等 100 多类，覆盖了社会生活的方方面面，构成了一个信息社会的缩影。从目前的情况来看，网络应用市场仍具有巨大的发展潜力，未来其应用将涵盖从办公室共享信息到市场营销、服务等广泛的领域。另外，网络也越来越贴近人们的生活，人们在网上浏览新闻、查找信息、收发电子邮件，以及网上办公等。

客户信息管理系统就是基于网络的一个简单应用程序，只要在有网络的地方，就能使用系统完成客户信息的管理。极大地方便用户的操作，为用户提供便捷高效的服务。

3. 项目分析

项目分析如表 1-1 所示。

表 1-1　项目分析

客户信息管理简介			
项目名称	客户信息管理	时间安排	共 8 课时，理论 2 课时，实践 6 课时
代码量	2000 行	项目难度	★★☆☆☆
项目简介	（1）添加客户信息功能； （2）查询客户信息功能； （3）修改客户信息功能； （4）删除客户信息功能； （5）用户注册、用户登录功能		
项目目的	学习 JSP 页面标签，能够利用 JSP 页面构建基础 Web 程序		
涉及主要技术	（1）JSP 中的动作、指令、Scriptlet； （2）JSP 中的隐式对象； （3）JSP+JDBC 的应用； （4）JSP model1（JSP+JavaBean）； （5）JSP 中使用过滤器处理中文乱码问题		
数据库	SQL 2008 或其他数据库		
编程环境	开发工具：JDK 1.7, Eclipse 或 MyEclipse 10（或更高版本），Tomcat 服务器		
项目特点	Web 应用程序		
技术重点	JSP 的页面构成		
技术难点	无		

4. 项目知识储备

JSP 的基础语法及页面构成要素。

5. 项目方案实施

1）功能分析

通过了解用户的需求，得出以下的系统功能。

（1）添加客户信息功能。

将用户录入的客户信息保存起来，其中包括客户姓名、客户类型、供求产品以及建立客户关系时间。

（2）查询客户信息功能。

在查询客户信息功能中包括按客户姓名、客户类型、供求产品以及建立客户时间段组合查询，查询结果以列表形式显示，并实现分页功能。

（3）修改客户信息功能。

对指定的客户信息进行修改。

（4）删除客户信息功能。

对指定的客户信息进行删除，删除客户信息前要进行删除信息确认。

2）数据库设计

客户信息表如表 1-2 所示。

表 1-2　客户信息表

表名		tb_customer（客户信息表）		
列名	描述	数据类型（精度范围）	空/非空	约束条件
customer_ID	客户编号	int	非空	PK（自增）
customer_Name	客户名称	varchar(32)	非空	
customer_Type	客户类型	varchar(16)	非空	
customer_Info	供求产品	varchar(256)	非空	
customer_Date	客户建立日期	datetime	非空	
customer_Tel	客户电话号码	varchar(16)	空	
customer_Mobile	客户手机号码	varchar(16)	非空	

3）详细设计

（1）用例图，如图 1-1 所示。

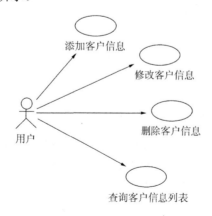

图 1-1　用例图

（2）类图，如图 1-2 所示。

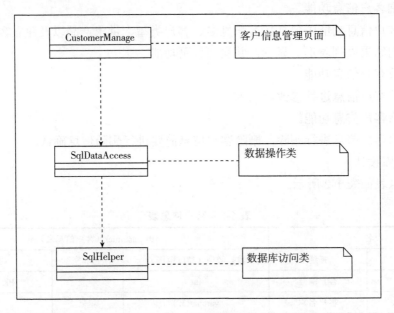

图 1-2　类图

（3）系统流程图，如图 1-3 所示。

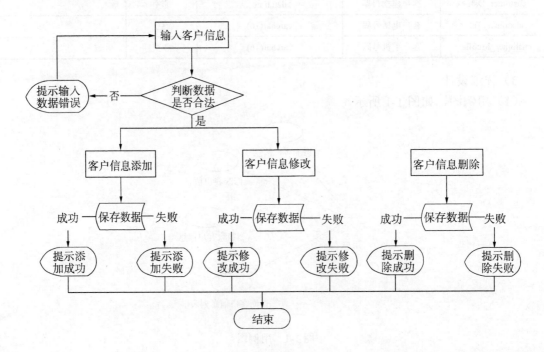

图 1-3　系统流程图

4）界面设计

界面设计如图 1-4～图 1-7 所示。

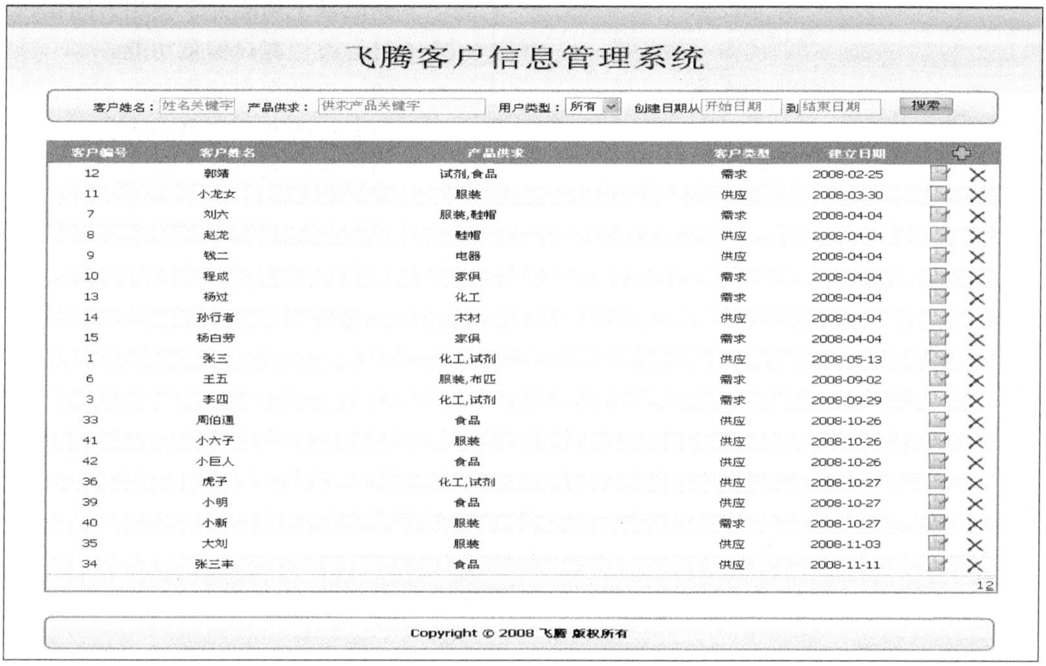

图 1-4　用户查询

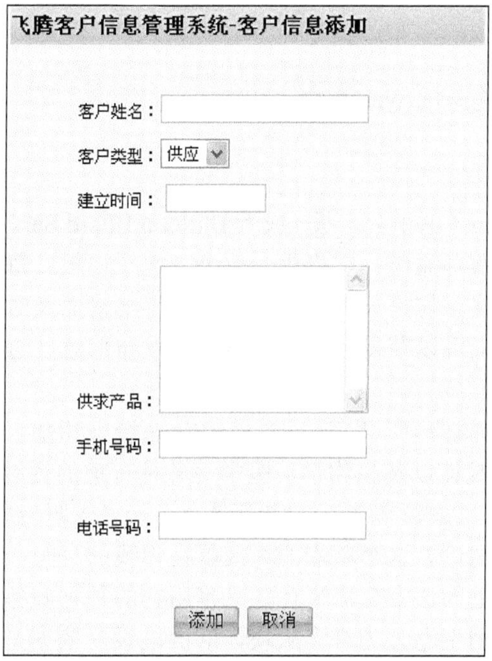

图 1-5　添加用户

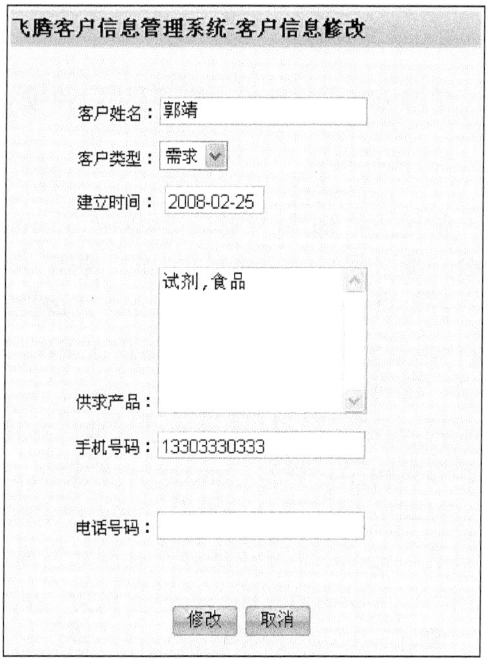

图 1-6　用户修改

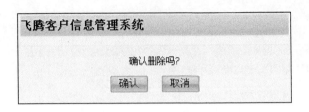

图 1-7　删除用户

6．项目效果总结

完成以下功能并掌握相关知识。
（1）添加客户信息功能。
（2）查询客户信息功能。
（3）修改客户信息功能。
（4）删除客户信息功能。
（5）用户注册、用户登录功能。

◎课业

（1）为什么要为 JDK 设置环境变量？
（2）Tomcat 和 JDK 是什么关系？
（3）什么是 Web 服务根目录、子目录、相对目录？如何配置虚拟目录？
（4）Web 服务器是如何调用并执行一个 JSP 页面的？
（5）JSP 页面中的 HTML 排版标签是如何发送到客户端的？
（6）对于 JSP 页面中的 Java 代码，服务器是如何执行的？
（7）Web 服务器在调用 JSP 时，会给 JSP 提供一些什么 Java 对象？

1.1.2　项目 2　EasyBBS 论坛系统

1．项目目标

学习 JSP 页面标签，能够利用 JSP 页面构建基础 Web 程序。

2．项目描述

论坛又名 BBS，全称为 Bulletin Board System（电子公告板）或者 Bulletin Board Service（公告板服务），是 Internet 上的一种电子信息服务系统。它提供一块公共电子白板，每个用户都可以在上面书写，可发布信息或提出看法。它是一种交互性强、内容丰富而及时的 Internet 电子信息服务系统。用户在 BBS 站点上可以获得各种信息服务、发布信息、进行讨论、聊天等。

目前，通过 BBS 系统可随时取得各种最新的信息；也可以通过 BBS 系统来和别人讨论计算机软件、硬件、Internet、多媒体、程序设计以及生物学、医学等各种有趣的话题；还可以利用 BBS 系统来发布一些"技术探讨""廉价转让""招聘人才"及"求职应聘"等启事，更可以召集亲朋好友到聊天室内高谈阔论。这个精彩的天地就在你我的身旁，只要在一台可以访问校园网的计算机旁，就可以进入这个交流平台，来享用它的种种服务。

像日常生活中的黑板报一样，论坛按不同的主题分为许多版块，版面的设立依据是大多数用户的要求和喜好，用户可以阅读别人关于某个主题的看法，也可以将自己的想法毫无保留地贴到论坛中。一般来说，论坛也提供邮件功能，如果需要私下交流，也可以将想说的话直接发到某个人的电子信箱中。

在论坛里，人们之间的交流打破了时间、空间的限制。在与别人进行交往时，不需要考虑自身的年龄、学历、知识、社会地位、财富、外貌、健康状况，也无从知道交谈的对方的真实社会身份。这样，参与讨论的人可以处于一个平等的位置与其他人进行任何问题的探讨。

论坛往往是由一些有志于此道的爱好者建立的，对所有人都免费开放。而且，由于 BBS 的参与人众多，所以各方面的话题都不乏热心者。人们当然可以利用它来解决学习中的一些疑惑，也可以把自己的心事吐露出来。

3. 项目分析

项目分析如表 1-3 所示。

表 1-3　项目分析

EasyBBS 论坛系统			
项目名称	EasyBBS 论坛系统	时间安排	共 10 课时，理论 2 课时，实践 8 课时
代码量	300～500 行	项目难度	★★☆☆☆
项目简介	论坛又名网络论坛 BBS，全称为 Bulletin Board System（电子公告板）或者 Bulletin Board Service（公告板服务），是 Internet 上的一种电子信息服务系统。它提供一块公共电子白板，每个用户都可以在上面书写，可发布信息或提出看法。它是一种交互性强、内容丰富而及时的 Internet 电子信息服务系统。用户在 BBS 站点上可以获得各种信息服务、发布信息、进行讨论、聊天等。 以上内容引用自百度百科		
项目目的	学习 JSP 页面标签，能够利用 JSP 页面构建基础 Web 程序		
涉及主要技术	（1）JSP 中的动作、指令、Scriptlet； （2）JSP 中的隐式对象； （3）JSP+JDBC 的应用； （4）JSP model1（JSP+JavaBean）； （5）JSP 中使用过滤器处理中文乱码问题		
数据库	SQL 2008 或其他数据库		
编程环境	开发工具：JDK 1.7, Eclipse 或 MyEclipse 10（或更高版本）		
项目特点	Web 程序		
技术重点	JSP 知识的应用		
技术难点	无		

4. 项目知识储备

JSP 基础语法及页面构成要素。

5. 项目方案实施

1）功能分析

设计母版页界面、用户控件界面和注册界面，实现用户控件功能，其中包含登录与显示相关用户信息。实现注册功能，包括对用户的注册。

设计论坛首页界面，并且实现首页显示功能，其中包括显示版块名称、版块简介、版块中包含的主题数、版块中包含的回复数、最新发表的主题名称、最新发表的主题的发表人和发表时间。

显示某版块中的主题列表信息，其中包括主题名称、主题发表人、主题发表时间、主题回复数、主题最新回复人和最新回复时间。

设计显示主题内容界面和实现显示主题内容功能，其中包括显示主题名、主题发表人、主题发表人的注册时间和最后登录时间、主题内容、主题发表时间、主题回复人、主题回复人的注册时间和最后登录时间、主题回复内容和回复时间。

建立时间和主题发表人等；回复主题时需要明确回复的是哪个主题，并记录回复内容、回复时间和回复人。

论坛搜索功能：可以搜索发过的帖子，包括帖子的主题和内容。该功能使用 AJAX 实现退出页面功能，退出页面用来清除登录时所保存的相关信息。

2）数据库设计

（1）数据库关系图，如图 1-8 所示。

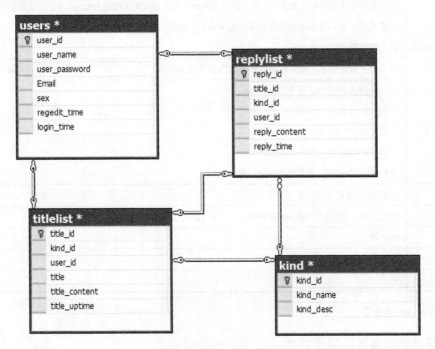

图 1-8　数据库关系图

（2）表汇总，如表 1-4 所示。

表 1-4　表汇总

序号	表	功能说明
1	article	文章表
2	users	用户信息表
3	comment	评论表

（3）数据库说明。

①用户表（users），如表 1-5 所示。

表 1-5　用户表

编号	名称	描述	数据类型	大小	备注
1	user_id	用户 ID(标识列)	int	4	PK
2	user_name	用户名称	nvarchar(50)	20	
3	user_password	用户密码	nvarchar(50)		
4	email	电子邮箱	nvarchar(50)	100	
5	sex	性别	nvarchar(50)		
6	regedit_time	注册时间	datetime		
7	login_time	最后一次登录时间	datetime		

②主题表（titlelist），如表 1-6 所示。

表 1-6　主题表

编号	名称	描述	数据类型	大小	备注
1	title_id	主题 ID	int	4	PK
2	kind_id	版块 ID	int	20	
3	user_id	用户 ID	int		
4	title	主题名称	nvarchar(50)	100	
5	title_content	主题内容	nvarchar(max)		
6	title_uptime	主题发布时间	datetime		

③回复表（replylist），如表 1-7 所示。

表 1-7　回复表

编号	名称	描述	数据类型	大小	备注
1	reply_id	回复 ID	int	4	PK
2	title_id	主题 ID	int	20	
3	kind_id	版块 ID	int		

编号	名称	描述	数据类型	大小	备注
4	user_id	用户 ID	int	100	
5	reply_content	回复内容	nvarchar(max)		
6	reply_time	回复时间	datetime		

④版块表（kind），如表 1-8 所示。

表 1-8　版块表

编号	名称	描述	数据类型	大小	备注
1	kind_id	版块 ID	int	4	PK 主键/自动标识
2	kind_name	版块名称	nvarchar(50)	20	
3	kind_desc	版块简介	nvarchar(100)		

⑤打开版块表，为表添加相关信息，如表 1-9 所示。

表 1-9　版块信息

kind_id	kind_name	kind_desc
1	ASP.NET 技术乐园	Web 程序员的天堂
2	C#技术深入探讨	深入研究底层技术
3	黑客技术区	讨论和分享黑客技术，最新病毒介绍，电脑入侵，木马……
4	其他编程语言技术区	例如，Java
5	娱乐八卦	水友们，开始灌吧……

3）概要设计

（1）模块划分。

根据网站系统的功能进行如下的模块划分，如表 1-10 所示。

表 1-10　模块划分

模块类别	功　　能
用户操作	用户注册
	用户登录
	用户退出
	发表新主题
	回复主题
论坛显示	显示相关版块信息
	显示相应版块中主题信息
	显示某一主题的内容和回复内容

（2）用例图。

由上面的相应功能可得下面图 1-9 和图 1-10 所示的系统用例图。

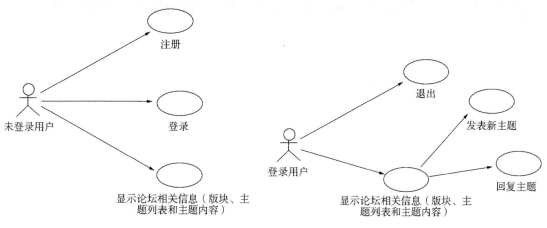

图 1-9　未登录用户用例图　　　　　　　图 1-10　登录用户用例图

4）系统包结构

com.easybbs.dbcon，数据库连接包。

com.easybbs.operate，数据操作包。

com.easybbs. pojo，数据实体包。

com.easybbs. util，工具包，包括字符编码过滤器。

5）界面设计

界面设计如图 1-11～图 1-17 所示。

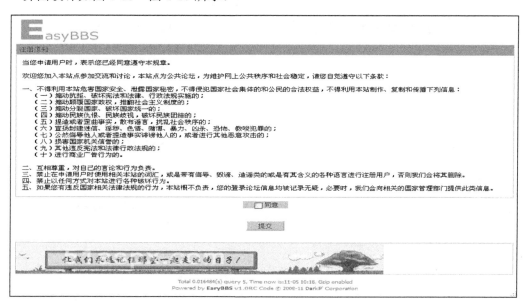

图 1-11　注册须知

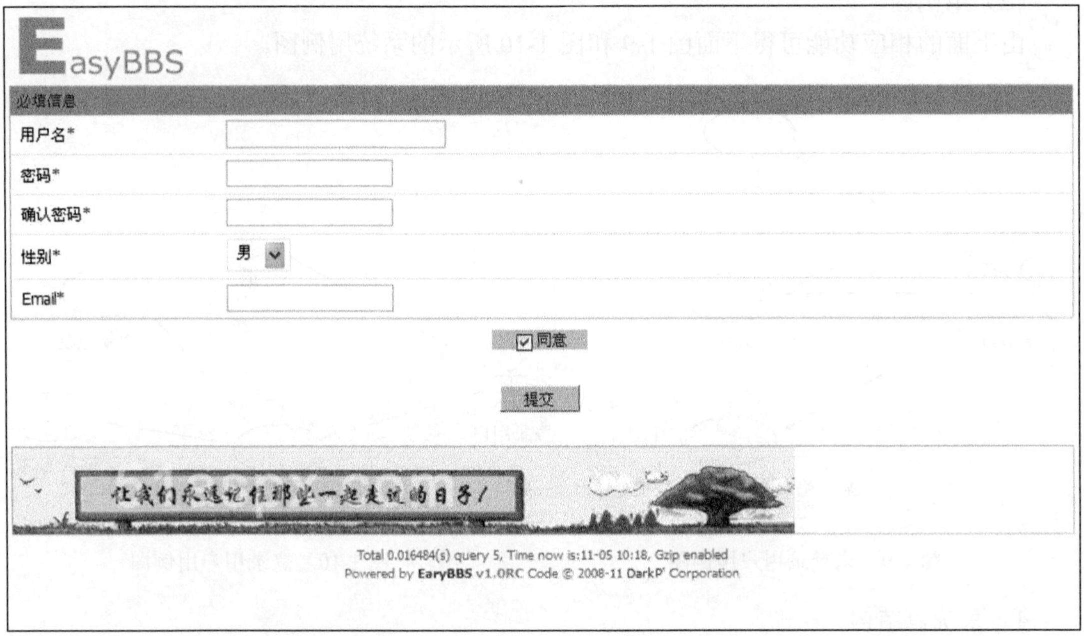

图 1-12　注册界面

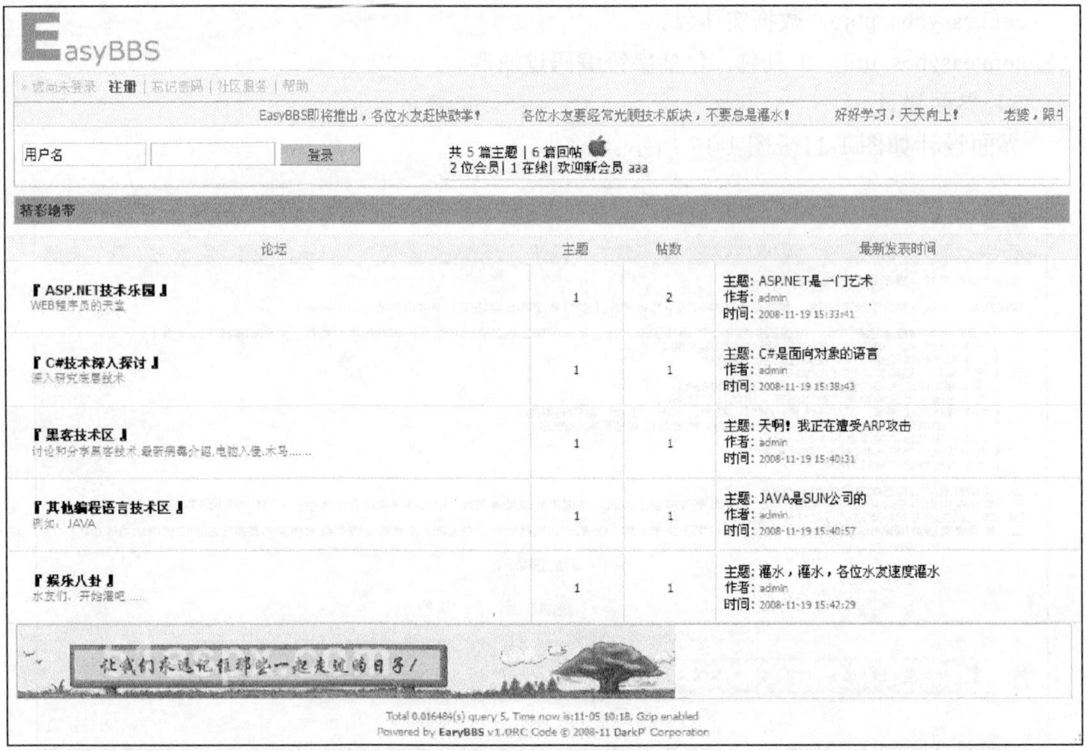

图 1-13　首页

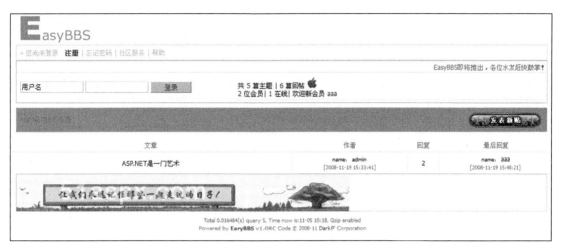

图 1-14　某模块列表

图 1-15　主题内容显示以及回复信息显示页面

图 1-16　用户登录后，发布回复页面

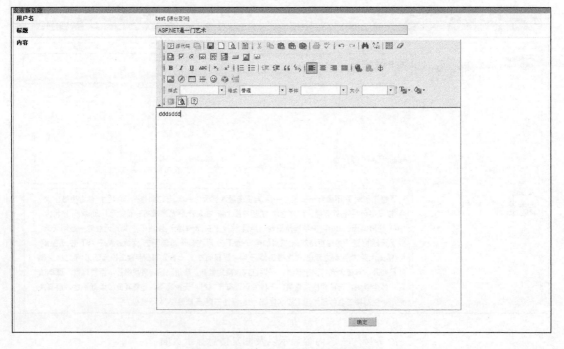

图 1-17　用户登录后发表主题页面

6. 项目效果总结

熟练掌握以下知识点：
（1）JSP 中的动作、指令、Scriptlet。
（2）JSP 中的隐式对象。
（3）JSP+JDBC 的应用。
（4）JSP model1（JSP+JavaBean）。
（5）JSP 中使用过滤器处理中文乱码问题。

◎课业

（1）什么是 B/S 模式？
（2）JSP、JavaBean 和 JavaServlet 之间的关系是什么样的？
（3）集成开发环境能为程序员做什么？
（4）使用 MyEclipse 开发 JSP 程序，需要进行哪些配置？

1.2　JavaWeb-JSP 提高

　　JSP 容器管理 JSP 页面生命周期的两个阶段：转译阶段（translation phase）和执行阶段（execution phase）。当有一个对 JSP 页面的客户请求到来时，JSP 容器检验 JSP 页面的语法是否正确，将 JSP 页面转换为 Servlet 源文件，然后调用 Javac 工具类编译 Servlet 源文件生成字节码文件，这一阶段是转译阶段。接下来，Servlet 容器加载转换后的 Servlet 类，实例化一个对象处理客户端的请求，在请求处理完成后，响应对象被 JSP 容器接收，容器将 HTML 格式的响应信息发送到客户端，这一阶段是执行阶段。从整个过程中可以知道，当第一次加载 JSP 页面时，因为要将 JSP 文件转换为 Servlet 类，所以响应速度较慢。当再次请求时，JSP 容器就会直接执行第一次请求时产生的 Servlet，而不会再重新转译 JSP 文件，所以其执行速度和原始的 Servlet 执行速度几乎就相同了。在 JSP 执行期间，JSP 容器会检查 JSP 文件，看是否有更新或修改。如果有更新或修改，JSP 容器会再次编译 JSP 或 Servlet；如果没有更新或修改，就直接执行前面产生的 Servlet，这也是 JSP 相对于 Servlet 的好处之一。

1.2.1　项目 3　房屋租赁查询系统

1. 项目目标

　　加强对 JSP、Servlet 技术的熟练使用；巩固 JSP 中的动作、指令、Scriptlet 和隐式对象等知识点的理解和应用；使用 JSP 的 model1 模型开发；加深对 JSP+JavaBean 这种模式的理解；通过房屋租赁查询系统的实现，掌握 JSP 和 JDBC 的使用，并掌握 Web 中常见的多条件查询功能实现和 JSP 中使用过滤器处理中文乱码问题。

2. 项目描述

如今社会高速发展，人才流动量也在飞速增加，很多打工人员在为自己打工赚钱的同时大部分时间都花在寻找住宿和解决住宿问题上，这不但浪费了他们大量宝贵的时间，而且势必影响到其工作和学习，因此，提供一种高效快捷的信息查询方法将成为当务之急。在 Internet 飞速发展的今天，互联网成为人们快速获取、发布和传递信息的重要渠道。

房屋租赁信息查询系统，包括数据录入、数据查询、数据统计等。本项目只实现房屋租赁信息查询，要求多条件查询，查询条件包括关键字搜索（模糊）、区域、面积、租金等。

3. 项目知识点分析

（1）JSP 中的动作、指令、Scriptlet。

（2）JSP 中的隐式对象。

（3）JSP+JDBC 的应用。

（4）JSP model1（JSP+JavaBean）。

（5）多条件查询功能实现（使用 PreparedStatement 实现）。

（6）JSP 中使用过滤器处理中文乱码问题。

4. 项目知识储备

Java 语言、JDK 1.7 或以上、Eclipse IDE、MyEclipse 10 或以上、Tomcat 7.0 或以上版本、MySQL 或 SQL Server 2008 等数据库。

5. 项目方案实施

1）房屋租赁信息多条件查询

房屋租赁信息是查询的前提，房屋租赁信息包括标题、房屋所在区域、月租、房屋套型、装修情况（无、一般装修、中等装修、精装修、豪华装修）、房屋类型（不限、普通住宅、小高层、高层、别墅、复式等）、租赁类型（不限、整租、合租）、房屋面积、地址、描述（楼层等信息）、配置（家具、床等）、设施（宽带等），以及房屋租赁登记的时间、联系人和联系人电话。

房屋租赁查询的条件有标题（模糊）、房屋所在区域、求租面积、求租价格、求租套型等，根据以上条件（1 个或多个）查询。

求租区域包括：不限、内环、内环至一环、一环附近、一环至二环、二环附近、二环至三环、三环附近、三环以外。

求租面积是一个范围值，需要输入最小范围和最大范围。

求租价格包括：不限、500 元以下、500～1000 元、1000～1500 元、1500～2000 元、2000～2500 元、2500 元以上。

求租套型包括：不限、1 室 1 厅 1 卫、2 室 1 厅 1 卫、2 室 2 厅 1 卫、3 室 1 厅 1 卫、3 室 2 厅 1 卫、3 室 2 厅 2 卫、4 室 1 厅 1 卫、4 室 2 厅 1 卫、4 室 2 厅 2 卫。

2）系统包结构

com.housetenancy.pojo，数据实体包。

com.housetenancy. operate，数据访问包，JSP 页面上使用的与数据库交互的类。

com.housetenancy. db，连接数据库包。

com.housetenancy. filter，过滤器包，其中含有字符编码过滤器的类。

3）系统运行结果

系统运行结果如图 1-18 和图 1-19 所示。

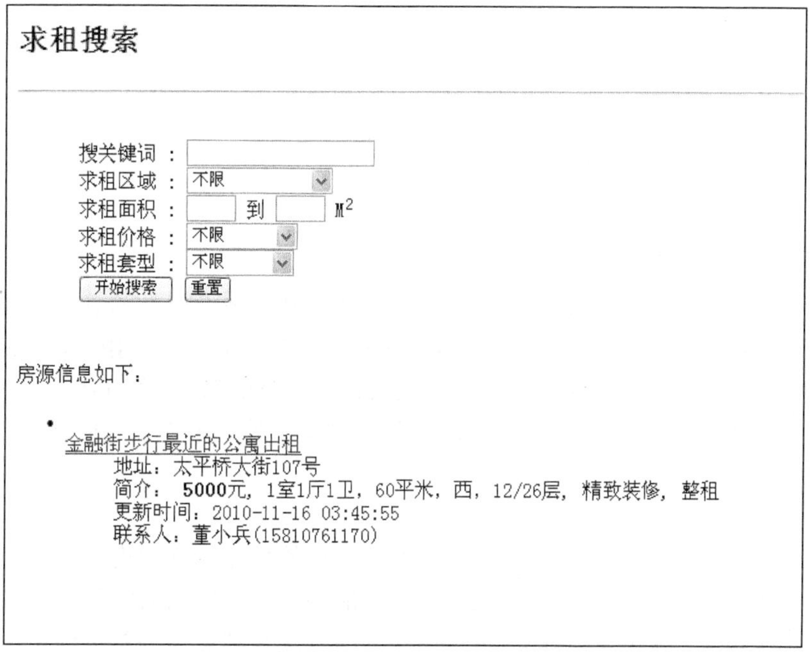

图 1-18　房屋租赁信息查询页面 housetenancy.jsp

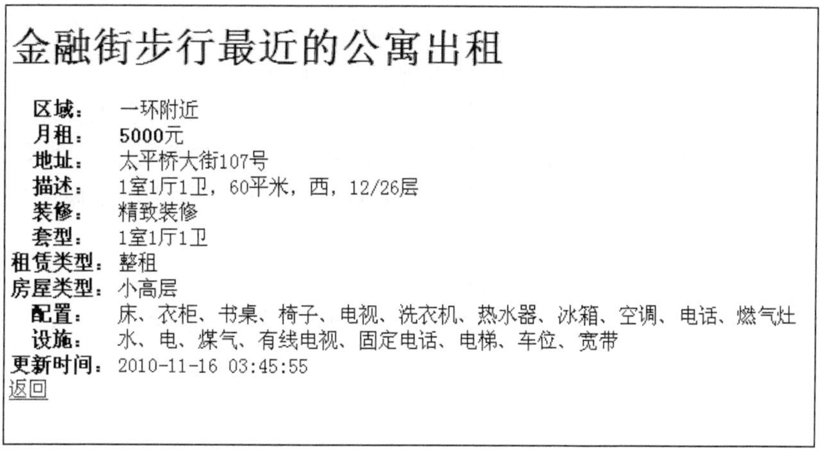

图 1-19　房源详细信息页面 house.jsp

6. 项目效果总结

（1）熟练应用数据库连接。
（2）多条件查询功能实现。
（3）查询单个房源信息功能实现。

◎课业

（1）什么是 HTML/XHTML？
（2）什么是 CSS？与 HTML/XHTML 是什么关系？
（3）什么是 CSS 的选择器、盒子模型？

1.2.2　项目 4　简单会员管理系统

1. 项目目标

加强对 JSP、Servlet 技术的熟练使用；巩固 JSP 中的动作、指令、Scriptlet 和隐式对象等知识点的理解和应用；使用 JSP 的 model1 模型开发；加深对 JSP+JavaBean 这种模式的理解；通过简单会员管理系统添加会员信息和查询会员信息；掌握 JSP 和 JDBC 的使用，并掌握 Web 中常见的分页技术使用和 JSP 中使用过滤器处理中文乱码问题。

2. 项目描述

会员管理系统是一个商业机构管理会员不可缺少的部分，它的内容对于商业机构的管理者来说是至关重要的，所以会员管理系统应该能够为商业机构的管理者提供充足的信息和快捷的查询手段。一直以来人们使用传统人工的方式管理会员的基本档案，这种管理方式存在许多缺点：效率低、保密性差，另外时间一长，将产生大量的文件和数据，对于查找、更新和维护都带来了不少的困难。

随着科学技术的不断提高，计算机科学日渐成熟，其强大的功能已为人们深刻认识，它已进入人类社会的各个领域并发挥着越来越重要的作用。

作为计算机应用的一部分，使用计算机对会员进行管理，具有手工管理所无法比拟的优点。例如，检索迅速、查找方便、可靠性高、存储量大、保密性好、寿命长、成本低等。这些优点能够极大地提高会员管理的效率，也是商业机构的科学化、正规化管理与先进科学技术接轨的重要条件。

本系统功能相对简单，包括以下两点。

（1）会员信息的录入：录入会员的基本信息，包括的信息有会员编号、会员名称、性别、所属省份、电话和地址。

（2）会员信息的查询：查询全部会员的基本信息。

3．项目知识点分析

（1）JSP 中的动作、指令、Scriptlet。

（2）JSP 中的隐式对象。

（3）JSP+JDBC 的应用。

（4）JSP model1（JSP+JavaBean）。

（5）分页技术。

（6）JSP 中使用过滤器处理中文乱码问题。

4．项目知识储备

Java 语言、JDK 1.7 或以上、Eclipse IDE、MyEclipse 10 或以上、Tomcat 7.0 以上版本、MySQL 或 SQL Server 2008 等数据库。

5．项目方案实施

1）添加会员信息

把会员的基本信息保存到数据库中，首先在 addMember.jsp 页面中创建添加会员信息表单，并把会员基本信息作为表单项。填写完会员信息后，调用 JSP 的动作指令标签（"jsp："）保存到数据库中。表单提交之前，需进行页面验证。

2）查看全部会员信息

从数据库中读取全部会员信息，在 JSP 页面中分页显示，分页功能需能控制页面容量，分页显示信息有："共多少行　共多少页　当前是第几页　每页多少行　首页　上一页　下一页　尾页"。当页面处于第一页时，上一页不显示。当页面处于尾页时，下一页不显示。

3）系统包结构

com.member.bean，数据实体包。

com.member.dao，数据访问包，JSP 页面上使用的与数据库交互的类。

com.member.db，连接数据库包。

com.member.page，分页包，其中包含分页封装类。

com.member.util，工具包，其中含有字符编码过滤器的类。

4）系统运行结果

系统运行结果如图 1-20 和图 1-21 所示。

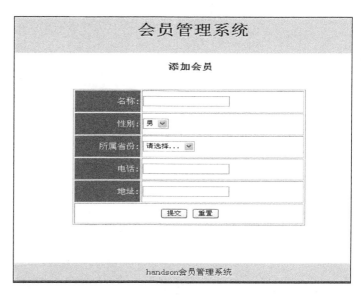

图 1-20　添加会员信息

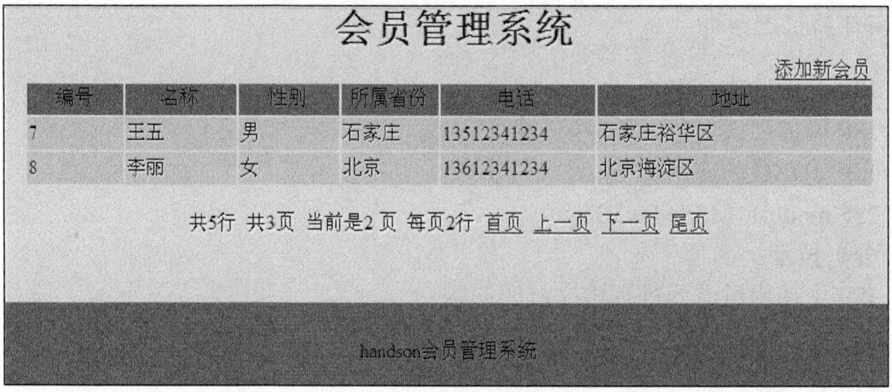

图 1-21　查看全部会员信息

6. 项目效果总结

完成以下功能并掌握相关知识点：

（1）添加会员信息。

（2）添加会员页面验证。

（3）查询全部会员。

（4）分页。

◎课业

（1）DIV 层如何定位？

（2）DIV+CSS 的页面布局的工作流程是什么？

（3）异形表格如何实现？

第2章 JavaWeb-Servlet

Servlet 是 Sun 公司提供的一门用于开发动态 Web 资源的技术。

Sun 公司在其应用程序编程接口（API）中提供了一个 Servlet 接口，用户若想开发一个动态 Web 资源(即开发一个 Java 程序向浏览器输出数据)，需要完成以下两个步骤。

（1）编写一个 Java 类，实现 Servlet 接口。

（2）把开发好的 Java 类部署到 Web 服务器中。

按照一种约定俗成的称呼习惯，通常也把实现了 Servlet 接口的 Java 程序，称为 Servlet。

2.1 JavaWeb-Servlet 基础

Servlet 程序是由 Web 服务器调用的，Web 服务器收到客户端的 Servlet 访问请求后，执行以下步骤：

（1）Web 服务器首先检查是否已经装载并创建了该 Servlet 的实例对象。如果是，则直接执行第（4）步，否则执行第（2）步；

（2）装载并创建该 Servlet 的一个实例对象；

（3）调用 Servlet 实例对象的 init()方法；

（4）创建一个用于封装超文本传输协议（HTTP）请求消息的 HttpServletRequest 对象和一个代表 HTTP 响应消息的 HttpServletResponse 对象，然后调用 Servlet 的 service()方法并将请求和响应对象作为参数传递进去；

（5）Web 应用程序被停止或重新启动之前，Servlet 引擎将卸载 Servlet，并在卸载之前调用 Servlet 的 destroy()方法。

2.1.1 项目 1 超市进销存管理系统

1. 项目目标

（1）能实现日常的管理信息化，包括日常的商品信息管理、销售出库、员工信息管理等，能够改变以前传统的人工管理的方式。

（2）通过友好的人机交互页面，对销售以及库存的信息进行有效、快速的查询，提高进货速度与决策的正确性。

（3）能够提高超市整体的管理水平，降低超市的管理成本，提高员工的工作效率。

2. 项目描述

通过对超市进销存系统的需求分析，可将超市进销存系统的功能模块划分为商品信息管理模块、商品销售出库模块、财务信息统计模块、员工信息管理模块、供应商管理模块以及系统用户管理模块这六大模块。

3. 项目功能分析

1）商品信息管理模块

此功能模块可以帮助管理员进行商品信息的查看以及库存的查看。管理员还可以通过输入商品信息执行商品进货新增功能以及通过输入商品编号或者名称执行商品信息查询功能。

2）商品销售出库模块

此功能模块的主要功能是对商品销售信息进行管理。管理员通过商品销售明细可以更快地了解和掌握商品的销售信息。此功能包括商品销售明细、商品销售出库、商品销售查询处理。

3）财务信息统计模块

此功能模块的作用是管理员可以根据输入商品编号以及特定的时间段来查询单类商品的销售情况，也可以输入特定的时间段来查询统计财务的全部情况。

4）员工信息管理模块

此功能模块主要是对员工的信息进行管理。管理员可以查看员工信息明细，并对员工信息进行修改和删除，也可以新增员工。可以根据输入员工姓名查找员工信息。

5）供应商管理模块

此功能模块是对供应商的信息进行管理。管理员可以查看供应商明细，并对供应商信息进行修改和删除，也可以新增供应商。可以根据输入供应商姓名查找供应商信息。

6）系统用户管理模块

此管理模块包括系统用户管理和修改密码。管理员根据系统用户管理显示系统用户的登录次数以及创建时间，并且可以增加、修改、删除系统用户。管理员根据修改密码模块可以修改当前用户的登录密码。

4. 项目知识储备

JSP、MVC 重点知识掌握。

5. 项目方案实施

1）登录模块

商品信息管理模块的时序图如图 2-1 所示，商品新增功能的活动图如图 2-2 所示。

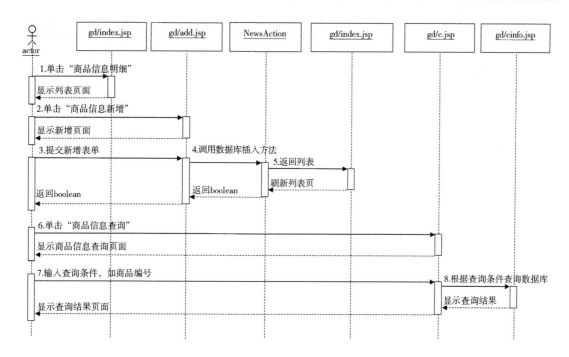

图 2-1　商品信息管理模块的时序图

　　用户进入系统主页面后，单击商品信息管理模块下的商品信息明细功能，此时在 iframe/Left.jsp 会有链接到 gd/index.jsp，显示出商品的信息明细。同样地，单击商品信息新增功能，也会在 iframe/Left.jsp 中有链接到 gd/add.jsp，显示出要新增页面的信息。

　　用户填完新增商品信息单击"提交"后，程序跳转到 NewsAction.java。再调用 ComBean.java 类的 comUp 方法进行数据库的插入操作，返回的结果给 NewsAction.java 类进行相应操作。若成功，页面跳转到 gd/index.jsp，显示添加的信息。管理员单击商品信息查询功能，会在 iframe/Left.jsp 中链接到 gd/c.jsp 商品信息查询页面。用户输入查询条件（如商品编号）单击"确定"后，表单提交到 gd/cinfo.jsp，根据查询条件查询数据库，显示出查询结果。

　　2）商品销售出库模块

　　商品销售出库模块的时序图如图 2-3 所示，商品出库功能的活动图如图 2-4 所示。

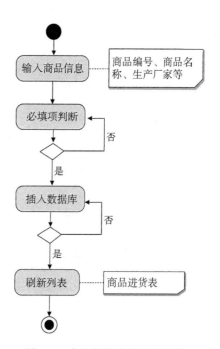

图 2-2　商品新增功能的活动图

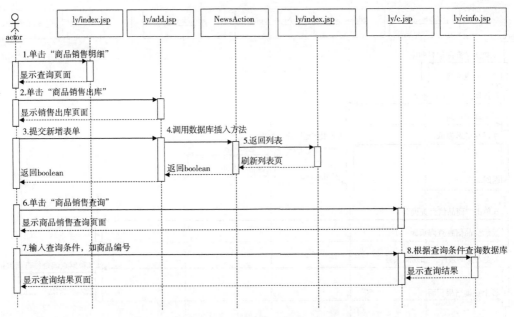

图 2-3　商品销售出库模块的时序图

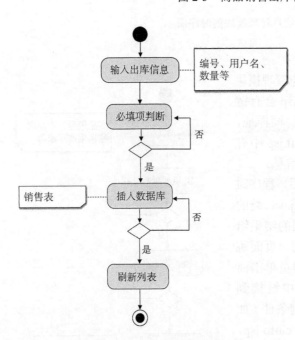

图 2-4　商品出库功能的活动图

用户进入系统主页面后，单击商品销售出库模块的商品销售明细功能，此时在 iframe/Left.jsp 会有链接到 ly/index.jsp，显示出商品的销售明细。同理，单击商品销售出库功能，iframe/Left.jsp 会有链接到 ly/add.jsp 显示出库页面的信息。管理员输入出库信息单击"确定"后，程序将信息提交到 ComAction.java，ComAction.java 调用 ComBean 的方法进行数据库的操作，返回的值传给 ComAction.java 进行相应操作。若成功返回列表给 ly/index.jsp，显示销售明细表。管理员单击商品销售查询功能，会在 iframe/Left.jsp 中链接到 ly/c.jsp 商品销售查询页面。用户输入查询条件（如商品编号）单击"确定"后，表单提交到 ly/cinfo.jsp，根据查询条件查询数据库，显示出查询结果。

3）供应商模块

供应商模块的时序图如图 2-5 所示，供应商增加功能的活动图如图 2-6 所示。

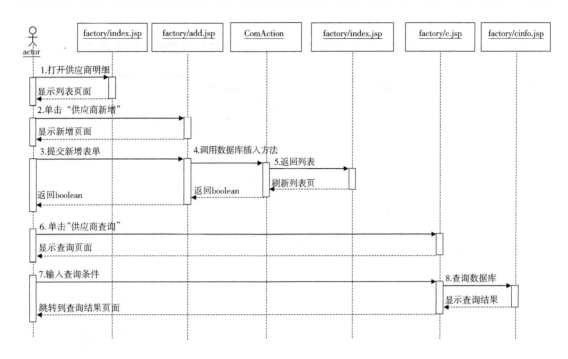

图 2-5　供应商模块的时序图

用户进入系统主页面后，单击供应商管理模块的供应商明细功能，此时在 iframe/Left.jsp 中会有链接到 factory/index.jsp，显示出供应商明细。同理，单击供应商新增功能，会在 iframe/Left.jsp 中链接到 factory/add.jsp 页面，显示供应商新增的信息。管理员输入新增供应商的信息单击"确定"后，程序将信息提交到 ComAction.java，ComAction.java 调用 ComBean 的 comUp 方法进行数据库的插入，返回的值传给 ComAction.java 进行相应操作。若成功返回列表给 factory/index.jsp，显示供应商明细表。管理员单击供应商查询功能，会在 iframe/Left.jsp 中链接到 factory/c.jsp 供应商查询页面。用户输入查询条件（供应商

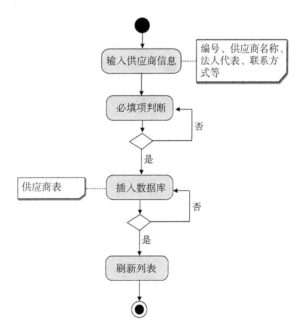

图 2-6　供应商增加的活动图

名称）单击"确定"后，表单提交到 factory/cinfo.jsp，根据查询条件查询数据库，显示出查询结果。

4）员工信息管理模块

员工信息管理模块的时序图如图 2-7 所示，员工新增功能的活动图如图 2-8 所示。

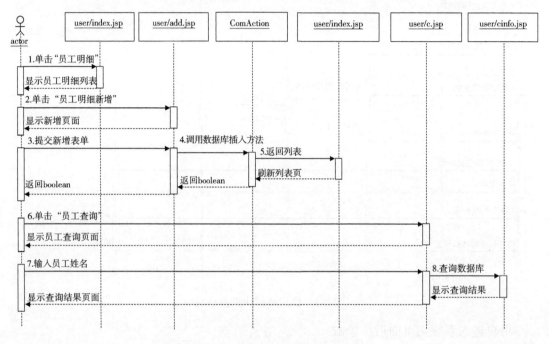

图 2-7　员工信息管理模块的时序图

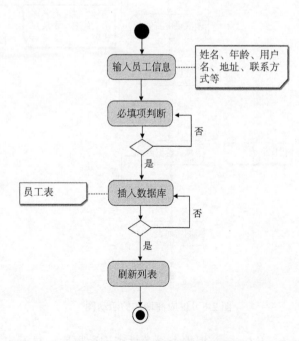

图 2-8　员工新增功能的活动图

用户进入系统主页面后，单击员工管理模块的员工信息明细功能，此时在 iframe/Left.jsp 中会有链接到 user/index.jsp，显示出员工信息明细。同理，单击员工信息新增功能，会在 iframe/Left.jsp 中链接到 user/add.jsp 页面，显示员工新增的信息。管理员输入新增员工的信息单击"确定"后，程序将信息提交到 ComAction.java，ComAction.java 调用 ComBean 的 comUp 方法进行数据库的插入，返回的值传给 ComAction.java 进行相应操作。若成功返回列表给 user/index.jsp，显示员工明细表。管理员单击员工信息查询功能，会在 iframe/Left.jsp 中链接到 user/c.jsp 员工信息查询页面。用户输入查询条件（员工信息）单击"确定"后，表单提交到 user/cinfo.jsp，根据查询条件查询数据库，显示出查询结果。

6. 项目效果总结

本系统采用 MVC 设计模式，JavaWeb 的技术架构，完成商品信息管理、商品销售出库、财务信息统计、员工信息管理、供应商管理以及系统用户管理的功能。本项目充分运用到了专业课程中的知识，巩固提高数据库原理、设计模式、网页设计等相关应用。

◎课业

（1）明确 HttpServlet 的继承、web.xml 的定义，并能够自行查询在线 API 文件，了解 HttpServletRequest 有哪些方法可以利用。

（2）撰写窗体（学生必须自行学习基本的 HTML），了解 Get 与 Post 如何在 Servlet 中进行处理，学生必须重新定义 doPost()方法或 doGet()方法，并了解如何在 Servlet 中撰写判断分支来呈现不同条件下的结果画面。

2.1.2　项目 2　个人博客系统

1. 项目目标

加强对 MVC 的理解，加强对 JSP、Servlet 技术的熟练使用，学习 FCKeditor 的使用。

2. 项目描述

Weblog 就是在网络上发布和阅读的流水记录，通常称为"网络日志"，简称为"网志"。博客（Blogger）概念解释为网络出版（Web publishing）、发表和张贴（post 这个字当名词用时就是指张贴的文章）文章，是个急速成长的网络活动。

Blogger 即指撰写 Blog 的人。Blogger 在很多时候也翻译成为"博客"一词，而撰写 Blog 这种行为，有时候也翻译成"博客"。因而，中文"博客"一词，既可作为名词，分别指代两种意思：网志（Blog）和撰写网志的人（Blogger），也可作为动词，意思为撰写网志这种行为，只是在不同的场合分别表示不同的意思罢了。

Blog 是一个网页，通常由简短且经常更新的帖子（post，作为动词，表示张贴的意思，作为名字，指张贴的文章）构成，这些帖子一般是按照年份和日期倒序排列的。而作为 Blog 的内容，它可以是纯粹个人的想法和心得，包括对时事新闻、国家大事的个人看法，或者对一日三餐、服饰打扮的精心料理等。

简言之，Blog 就是以网络作为载体，简易、迅速、便捷地发布自己的心得，及时、有效、轻松地与他人进行交流，再集丰富多彩的个性化展示于一体的综合性平台。不同的博客可能使用不同的编码，所以相互之间也不一定兼容。这使得不同的博客各具特色。Blog 是继 E-mail、BBS、ICQ 之后出现的第四种网络交流方式，是网络时代的个人"读者文摘"，是以超级链接为工具的网络日记，代表着新的生活方式和新的工作方式，更代表着新的学习方式。具体来说，博客(Blogger)这个概念解释为使用特定的软件，在网络上出版、发表和张贴个人文章的人。

一个 Blog 其实就是一个网页，它通常由简短且经常更新的帖子所构成，这些张贴的文章都按照年份和日期倒序排列。从个人构想到日记、照片、诗歌、散文，甚至科幻小说的发表或张贴都有。许多 Blog 是个人心中所想的事情的发表，其他 Blog 则是一群人基于某个特定主题或共同利益领域的集体创作。

3. 项目分析

项目分析如表 2-1 所示。

表 2-1　项目分析

个人博客系统简介			
项目名称	个人博客系统	工作量	16 课时理论，14 课时上机
代码量	2000 行	项目难度	★★★☆☆
课时安排	共 16 课时，讲授 2 课时，实验 14 课时	项目类型	Learning Case
项目简介	个人博客系统采用 JSP、Servlet 技术进行开发设计，配合 SQL Server 或 MySQL 数据库的后台管理及 Tomcat 服务器的支持，使博客系统的前台界面更加美观，后台应用更加灵活。创建此个人博客系统中，博主可以充分地表达自己的思想，通过发表日志展示个人才能，抒发个人情感；网友可以根据主题发表个人的意见，表达自己的想法，与博主进行思想交流；同时每位博主可以拥有自己的个人文件柜用以存放文件		
项目目的	加强对 MVC 的理解，加强对 JSP、Servlet 技术的熟练使用，学习 FCKeditor 的使用		
涉及主要技术	（1）使用 MVC 模型； （2）常用数据库操作对象的使用； （3）FCKeditor 的使用（可选）； （4）文件的上传、下载		
数据库	SQL 2008 或 MySQL 数据库		
编程环境	JDK 7.0、MyEclipse 10 或以上		
项目特点	利用 FCKeditor 实现在线编辑器		
技术重点	MVC 的开发模式、JSTL+EL 表达式		
技术难点	文件上传、下载，FCKeditor 实现在线编辑器		

4. 项目知识储备

MVC 的开发模式、JSTL+EL 表达式。
文件上传、下载，FCKeditor 实现在线编辑器。

5. 项目方案实施

1）功能分析
（1）用户管理。
功能描述：用户管理包括用户的注册、用户的登录等功能。
注册流程图如图 2-9 所示。

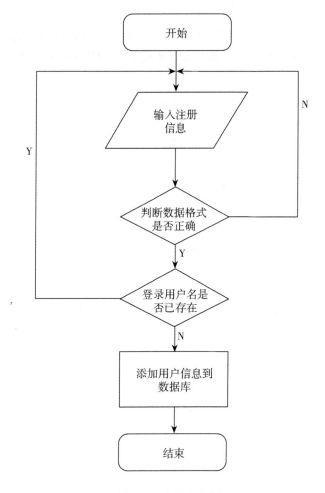

图 2-9 注册流程图

注册输入输出数据如表 2-2 所示。

表 2-2 注册输入输出数据

项目	数据类型	要求		
		必填/必显	范围	举例
登录名	字符	√	8～10 位	CoolerCat
密码	字符	√	6～10 位	*********
密码确认	字符	√	6～10 位	*********
真实姓名	字符	√	1～10 位	郭靖
性别	字符	√	定制	男或女
出生日期	date	×		1983-03-22
身高	double	×	保留 2 位小数	1.75m
体重	double	×	保留 2 位小数	72.12kg

（2）日志管理。

功能描述：用户登录系统后可以发表日志、删除日志、查看日志列表。登录用户可以发表日志，新日志默认评论数、阅读数为 0。此处使用 FCKeditor 实现（可选）。发表成功后返回日志列表页面。

当单击首页中的"日志"超链接时进入日志列表页面。

①一页显示 5 篇日志，实现分页。

②单击文章标题，进入文章详细信息页面。

③若用户未登录，则分页列出所有日志，但不显示修改及删除功能。

④若用户已登录，则分页列出所有日志，同时，若该日志是该登录用户所发表的，则显示修改及删除功能。

⑤若用户已登录，单击"写日志"超链接进入添加日志页面。

（3）文件柜管理。

功能描述如下。

①文件上传。

a.单击"浏览"按钮，选择文件；单击"upload"按钮上传该文件。

b.当选择"继续添加文件"选项时，可实现添加多个文件。

②文件下载。

a.显示该用户文件柜中的所有文件。

b.单击"下载"按钮实现下载功能。

2）数据库设计

（1）数据库关系图，如图 2-10 所示。

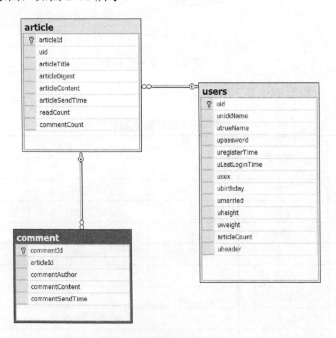

图 2-10　数据库关系图

（2）表汇总，如表 2-3 所示。

表 2-3　表汇总

序号	表	功能说明
1	article	文章表
2	users	用户信息表
3	comment	评论表

（3）数据库说明，如表 2-4~表 2-6 所示。

表 2-4　文章表

表名	article（文章表）				
列名	数据类型	长度	空/非空	约束条件	说明
articleId	int	4	非空	PK	文章 ID
uid	int				用户 ID
articleTitle	varchar	50	非空		标题
articleDigest	text				摘要
articleContent	text				内容
articleSendTime	varchar	50	非空		文章发表时间
readCount	int				阅读人数
commentCount	int				评论人数
补充说明					

表 2-5　用户表

表名	user（用户表）				
列名	数据类型	长度	空/非空	约束条件	说明
uid	int	4	非空	PK	文章 ID
unickName	varchar				昵称
utrueName	varchar	50	非空		真实姓名
upassword	varchar	50			密码
uregisterTime	varchar	50			注册时间
uLastLoginTime	varchar	50	非空		最后登录时间
usex	int			0：男　1：女	性别
ubirthday	varchar				生日
umarried	char			Y：已婚 N：未婚	是否已婚
uheight	float				身高
uweight	float				体重
articleCount	int				文章数量

续表

表名	user（用户表）				
列名	数据类型	长度	空/非空	约束条件	说明
uheader					
补充说明					

表 2-6　评论表

表名	comment（评论表）				
列名	数据类型	长度	空/非空	约束条件	说明
commentId	int	4	非空	PK	评论 ID
articleId	int	4			文章 ID
commentAuthor	varchar	50	非空		评论者昵称
commentContent	varchar	500	非空		评论内容
commentSendTime	varchar	50			评论时间
补充说明					

3）界面设计

界面设计如图 2-11~图 2-14 所示。

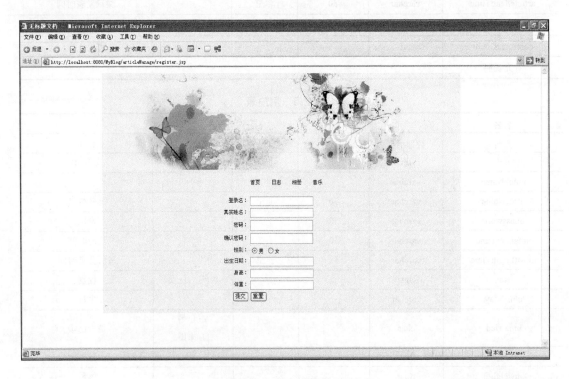

图 2-11　用户注册界面

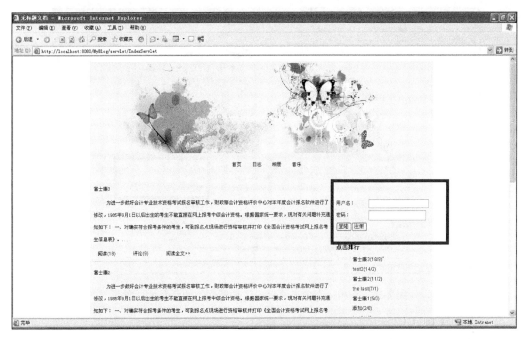

图 2-12　用户登录界面

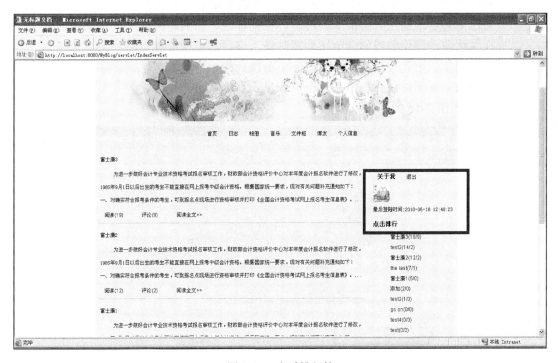

图 2-13　查看排行榜

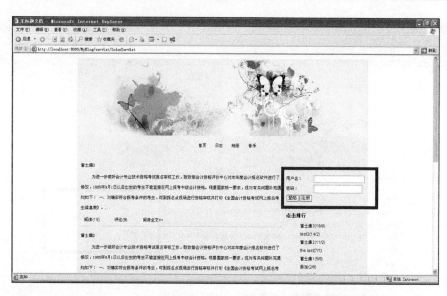

图 2-14　退出：当单击"退出"功能后，回到登录页面

（1）日志管理。

首页日志列表及相应统计如下：

①页面头部显示 top 页面，因用户未登录，所以不显示文件柜等。

②页面左侧显示最新发表的前 5 篇日志，包括标题、摘要、阅读数、评论数。当执行阅读数、评论数或阅读全文功能时进入该日志详细信息页面。

③页面右侧显示用户登录界面及日志的单击排行榜。

当用户登录验证通过后，右侧显示用户信息及日志单击排行榜。

如图 2-15 和图 2-16 所示。

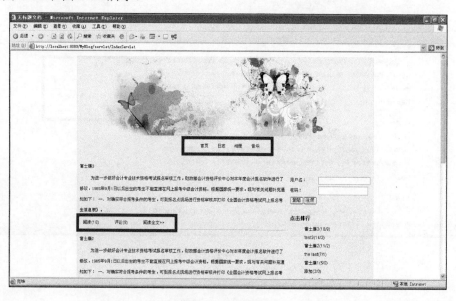

图 2-15　查看评论

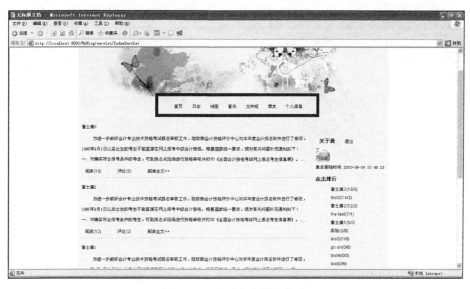

图 2-16　查看文章详细信息

（2）日志列表页面。

当单击首页中的"日志"超链接时进入日志列表页面。

①一页显示 5 篇日志，实现分页。

②单击文章标题，进入文章详细信息页面。

③若用户未登录，则分页列出所有日志，但不显示修改及删除功能。

④若用户已登录，则分页列出所有日志，同时，若该日志是该登录用户所发表的则显示修改及删除功能。

⑤若用户已登录，单击"写日志"超链接进入添加日志页面。

如图 2-17 和图 2-18 所示。

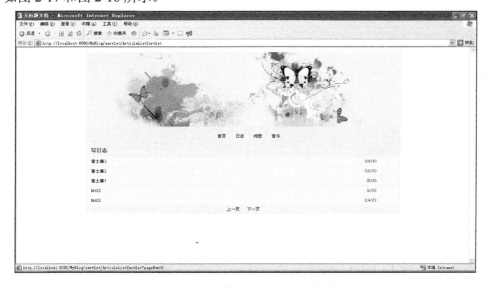

图 2-17　单击"写日志"超链接

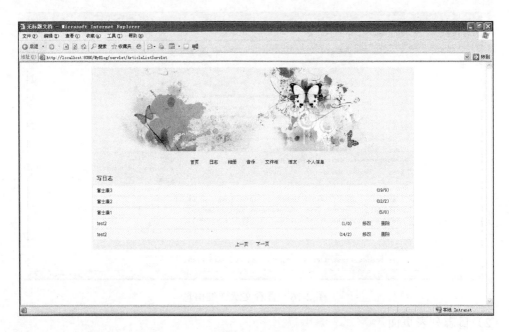

图 2-18　查看日志

⑥查看日志详细信息，如图 2-19 所示。

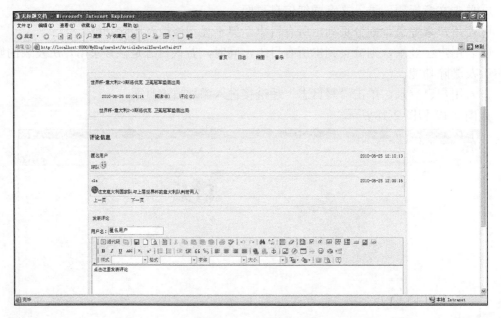

图 2-19　日志详细信息

⑦添加日志。

a.登录用户可以发表日志，新日志默认评论数、阅读数为 0。此处使用 FCKeditor 实现（可选）。

b.发表成功后返回日志列表页面，如图 2-20 和图 2-21 所示。

图 2-20　添加日志

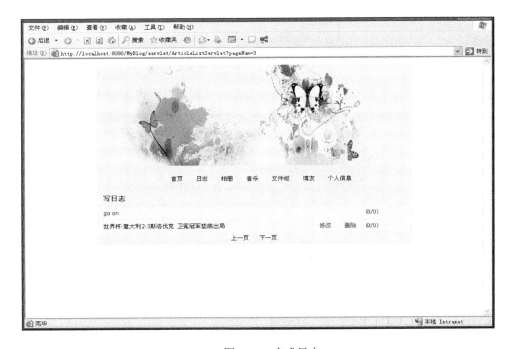

图 2-21　完成日志

⑧删除日志。日志的所有者具有修改和删除权限，单击"确定"按钮，则删除后转向日志列表，如图 2-22 和图 2-23 所示。

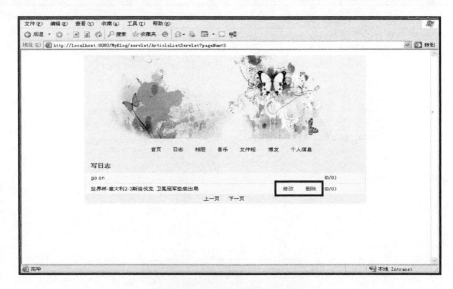

图 2-22 单击"修改"功能

图 2-23 单击"确定"按钮

⑨修改日志。单击"修改"功能进入修改页面，更新后返回日志列表，如图 2-24 所示。

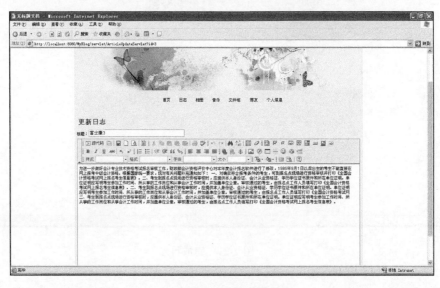

图 2-24 修改日志

⑩添加评论，对日志发表评论；更新日志评论数，如图 2-25 所示。

图 2-25　添加评论

⑪评论列表，如图 2-26 所示。

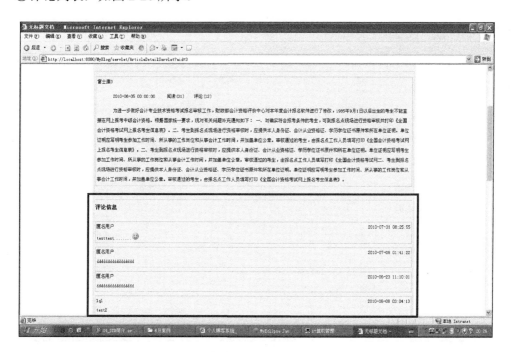

图 2-26　查看评论列表

⑫文件柜管理。文件上传，单击"浏览"按钮，选择文件；单击"upload"按钮上传

该文件；当执行"继续添加文件"功能时，可实现添加多个文件，如图 2-27 和图 2-28 所示。

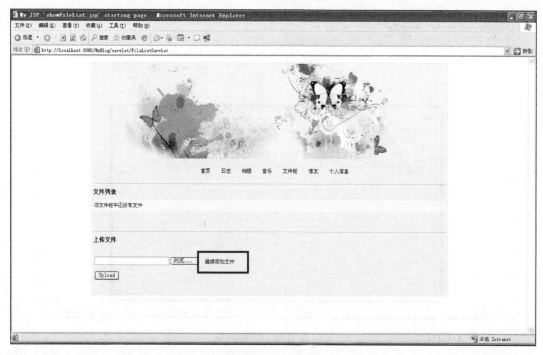

图 2-27 添加文件

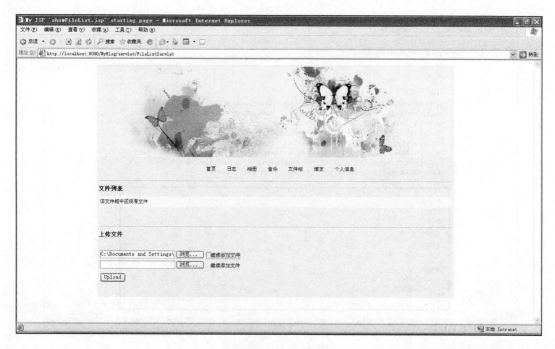

图 2-28 上传文件

⑬文件下载，显示该用户文件柜中的所有文件，单击"下载"按钮实现下载功能，如

图 2-29 和图 2-30 所示。

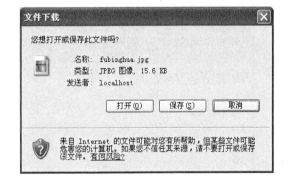

图 2-29　下载文件

6. 项目效果总结

熟练掌握以下知识：
（1）使用 MVC 模型。
（2）常用数据库操作对象的使用。
（3）FCKeditor 的使用（可选）。
（4）文件的上传、下载。

◎课业

图 2-30　保存文件

使用目前所学得的 Servlet 相关技巧，实做一个在线留言板程序，其中必须包括以下的功能。

（1）有个档案用于存储留言，应用程序初始时，必须从该档案中加载留言记录。

（2）"观看留言"功能，每笔留言中包括了留言者的头像、名称与留言信息，如图 2-31 所示。

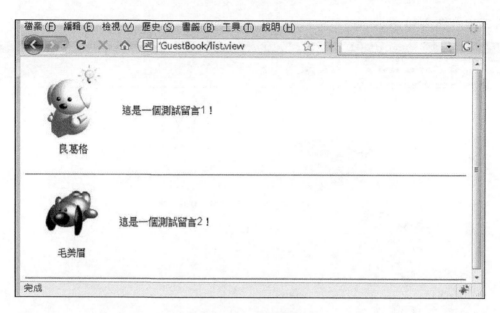

图 2-31　观看留言

（3）动态"留言窗体"功能，新增留言时使用的窗体。其中包括了输入留言者名称、留言的字段，并可以让使用者选取头像。头像存放的目录可以由 Servlet 初始参数设定。窗体必须可以自动显示头像存放目录中的图片，有多少图片就显示多少个头像。若新增留言失败也会将请求转发回窗体，此时要显示错误信息以及使用者先前填写的名称与留言。图 2-32 是个简单的示范。

图 2-32　新增留言功能

（4）"新增留言"功能，必须进行基本的请求参数检查。留言失败及成功的统一资源定位符（URL），必须可以由 Servlet 初始参数来设定。留言成功时必须显示留言成功信息、使用者名称、留言与头像，如图 2-33 所示。

图 2-33　新增留言成功

2.1.3　项目 3　新闻发布系统

1．项目目标

通过该项目，掌握 JSP+Servlet+JavaBean 的开发模式，熟练掌握 Servlet 的基本配置、JSTL 与 EL 表达式。

2．项目描述

现代新闻学有 200 年的历史了，自从造纸术和印刷术出现，新闻学的发展脚步就没有一刻停歇下来，随着技术的不断进步，新闻也在不断地发生变化，从早期的纸张记录，到蒸汽印刷机带来的报业繁荣，乃至新闻电讯稿在美国内战期的广泛使用，随着收音机的兴起，人们听到了更多梦寐以求的声音，电视台、卫星电视的出现，改变了人们的生活，到了今天的网络时代，人们甚至只需一台计算机和一根电话线就可以看到世界任何一处的信息。在不久的未来，相信手机将为新闻带来新的纪元。

网站新闻发布系统，又称为信息发布系统，是将网页上的某些需要经常变动的信息，类似新闻、新产品发布和业界动态等更新信息集中管理，并通过信息的某些共性进行分类，最后系统化、标准化地发布到网站上的一种网站应用程序。网站信息通过一个操作简单的界面加入数据库，然后通过已有的网页模板格式与审核流程发布到网站上。它的出现大大减轻了网站更新维护的工作量，通过网络数据库的引用，将网站的更新维护工作简化到只需录入文字和上传图片，从而使网站的更新速度大大缩短，在某些专门的网上新闻站点，如新浪的新闻中心等，新闻的更新速度已经是即时更新，从而大大加快了信息的传播速度，也吸引了更多的长期用户群，时时保持网站的活动力和影响力。

主要功能为新闻信息的发布，以及新闻信息的浏览。另外参考其他的新闻发布系统，可以将系统分为两个部分，一个为后台管理部分，一个为前台显示部分。通过后台管理部分来进行新闻数据的维护，通过前台显示部分进行新闻的浏览。

3. 项目分析

项目分析如表 2-7 所示。

表 2-7　项目分析

新闻发布系统简介			
项目名称	新闻发布系统	工作量	总共 20 课时，理论 4 课时，上机 16 课时
代码量	3000 行	项目难度	★★★☆☆
课时安排	共 20 课时，讲授 4 课时，实验 16 课时	项目类型	Learning Case
项目简介	本系统主要包括新闻的前台浏览、评论的发布和新闻查询等前台功能，以及新闻后台对于新闻类别和新闻内容的添加、修改等功能的操作		
项目目的	通过该项目，掌握 JSP+Servlet+JavaBean 的开发模式，熟练掌握 Servlet 的基本配置、JSTL 与 EL 表达式		
涉及主要技术	（1）使用 MVC 模型； （2）常用数据库操作对象的使用； （3）FCKeditor 的使用（可选）		
数据库	SQL Server 2008 或 MySQL 数据库		
编程环境	JDK 6.0、MyEclipse 10 或以上		
项目特点	MVC 开发模式		
技术重点	MVC 的开发模式、JSTL+EL 表达式		
技术难点	FCKeditor 实现在线编辑器		

4. 项目知识储备

（1）MVC 的开发模式、JSTL+EL 表达式。
（2）FCKeditor 实现在线编辑器。

5. 项目方案实施

1）功能分析
新闻的后台管理主要是维护人员对于新闻网站的管理，主要包括修改新闻网站显示内容、修改新闻的类别等功能。

（1）类别管理。每个新闻都必须属于某一类别，如军事新闻、经济新闻等。新闻类别是新闻的载体，新闻必须发布于某一类别之下。

新闻类别管理界面，如图 2-34 和图 2-35 所示。

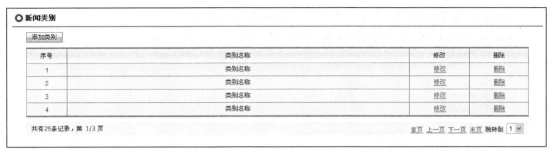

图 2-34　类别管理

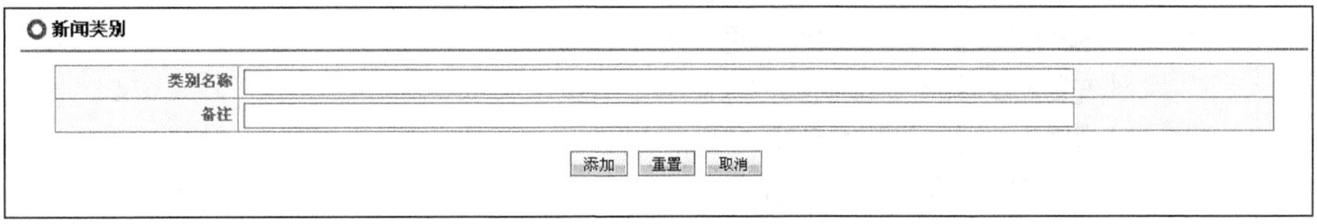

图 2-35　类别添加

（2）新闻管理。维护人员用来向系统添加每天发生的新闻，如图 2-36 和图 2-37 所示。

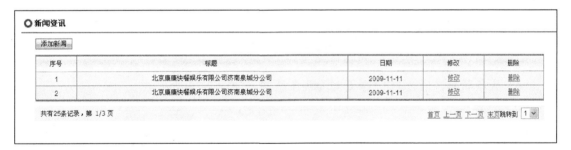

图 2-36　新闻管理

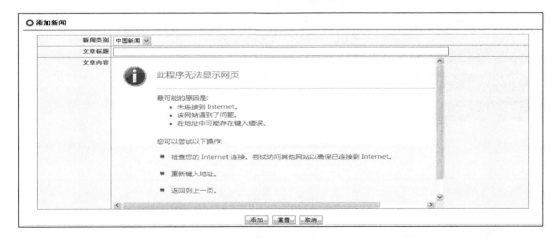

图 2-37　新闻添加

前台主要是游客使用，主要是游客来获取新闻内容的。

（3）热点新闻。评论最多的 10 条新闻为热点新闻，如图 2-38 所示。

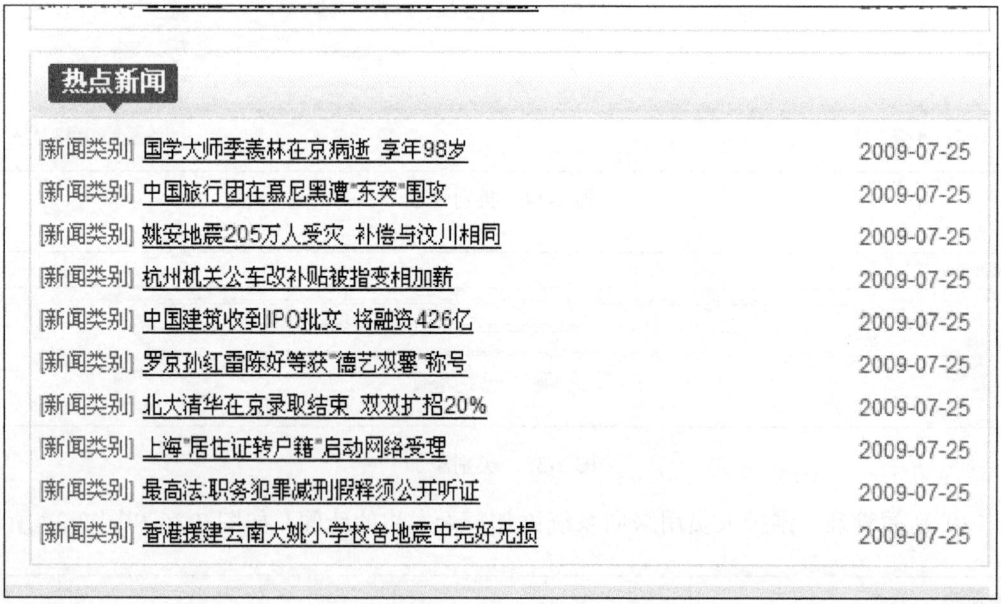

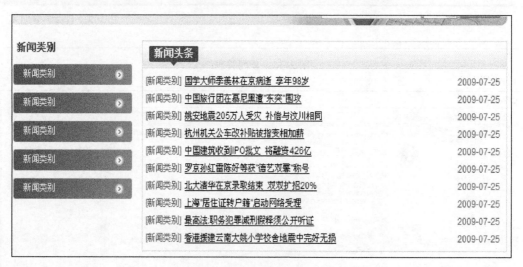

图 2-38　热点新闻

（4）头条新闻。最新的 10 条新闻为头条新闻，如图 2-39 所示。

图 2-39　头条新闻

（5）新闻浏览。单击新闻标题查看新闻具体内容，如图 2-40 所示。

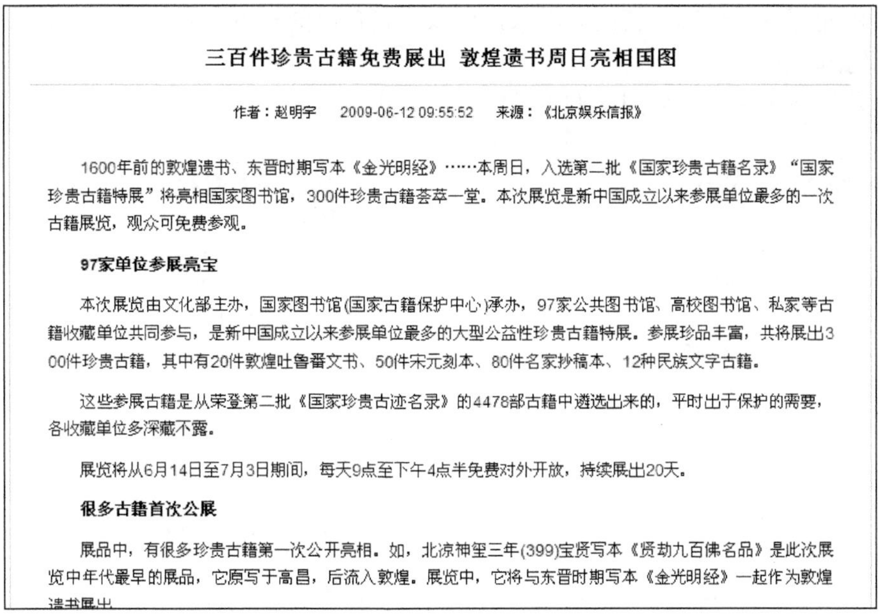
三百件珍贵古籍免费展出 敦煌遗书周日亮相国图

作者：赵明宇　2009-06-12 09:55:52　来源：《北京娱乐信报》

1600年前的敦煌遗书、东晋时期写本《金光明经》……本周日，入选第二批《国家珍贵古籍名录》“国家珍贵古籍特展”将亮相国家图书馆，300件珍贵古籍荟萃一堂。本次展览是新中国成立以来参展单位最多的一次古籍展览，观众可免费参观。

97家单位参展亮宝

本次展览由文化部主办，国家图书馆(国家古籍保护中心)承办，97家公共图书馆、高校图书馆、私家等古籍收藏单位共同参与，是新中国成立以来参展单位最多的大型公益性珍贵古籍特展。参展珍品丰富，共将展出300件珍贵古籍，其中有20件敦煌吐鲁番文书、50件宋元刻本、80件名家抄稿本、12种民族文字古籍。

这些参展古籍是从荣登第二批《国家珍贵古迹名录》的4478部古籍中遴选出来的，平时出于保护的需要，各收藏单位多深藏不露。

展览将从6月14日至7月3日期间，每天9点至下午4点半免费对外开放，持续展出20天。

很多古籍首次公展

展品中，有很多珍贵古籍第一次公开亮相。如，北凉神玺三年(399)宝贤写本《贤劫九百佛名品》是此次展览中年代最早的展品，它原写于高昌，后流入敦煌。展览中，它将与东晋时期写本《金光明经》一起作为敦煌遗书展出

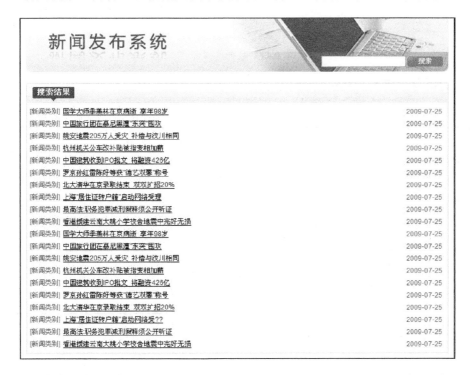

图 2-40　新闻查看

（6）新闻搜索。游客可以根据关键字搜索自己喜欢的内容，如图 2-41 所示。

图 2-41　新闻搜索

（7）新闻评论。游客对新闻有看法，可以发表自己的观点。

2）数据库设计

（1）数据库关系图，如图 2-42 所示。

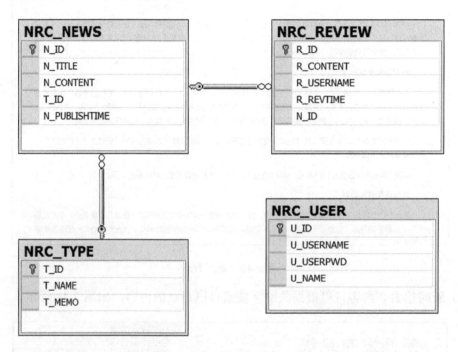

图 2-42　数据库关系图

（2）表汇总，如表 2-8 所示。

表 2-8　表汇总

表名	功能说明
NRC_TYPE (新闻类别表)	存储新闻类别的信息
NRC_NEWS (新闻表)	存储新闻信息
NRC_USER (用户信息表)	存储登录后台用户的信息
NRC_REVIEW (评论信息表)	存储前台新闻页面游客发表的评论信息

（3）数据库说明，如表 2-9～表 2-12 所示。

表 2-9　新闻类别表

编号	主键	名称	描述	数据类型	大小	空	外键	默认值	备注
1	√	T_ID	类别 ID	int	4	×	×	×	
2	×	T_NAME	类别名称	nvarchar	20	×	×	×	
3	×	T_MEMO	类别备注	nvarchar	100	×	×	×	

表 2-10　新闻表

编号	主键	名称	描述	数据类型	大小	空	外键	默认值	备注
1	√	N_ID	新闻编号	int	4	×	×	×	
2	×	N_TITLE	新闻标题	varchar	200	×	×	×	
3	×	N_CONTENT	新闻内容	varchar	MAX	×	×	×	
4	×	T_ID	类别 ID	int	4	×	√	×	
5	×	N_PUBLISHTIME	新闻发布时间	varchar	20	×	×	×	

表 2-11　用户表

编号	主键	名称	描述	数据类型	大小	空	外键	默认值	备注
1	√	U_ID	用户编号	int	4	×	×	×	
2	×	U_USERNAME	登录用户名	varchar	20	×	×	×	
3	×	U_USERPWD	登录密码	varchar	100	×	×	×	
4	×	U_NAME	用户姓名	nvarchar	20	×	×	×	

表 2-12　评论表

编号	主键	名称	描述	数据类型	大小	空	外键	默认值	备注
1	√	R_ID	评论编号	int	4	×	×	×	
2	×	R_CONTENT	评论内容	varchar	200	×	×	×	
3	×	R_USERNAME	评论者昵称	varchar	20	√	×	等待	
4	×	R_REVTIME	评论时间	varchar	50	×	×	×	
5	×	N_ID	新闻编号	int	4	×	×	×	

3）界面设计

界面设计如图 2-43~图 2-51 所示。

图 2-43　后台登录界面

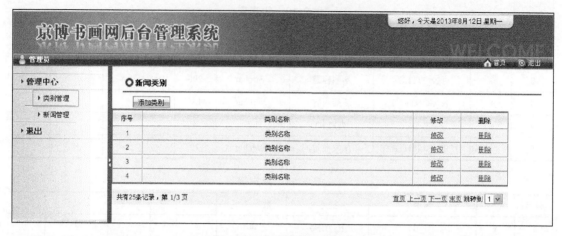

图 2-44　主页面/类别管理

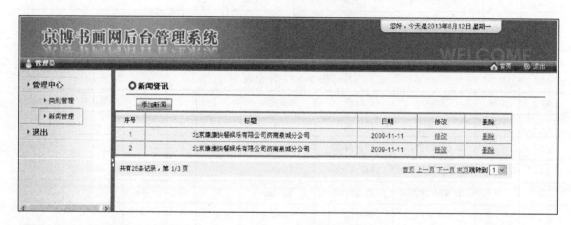

图 2-45　新闻管理

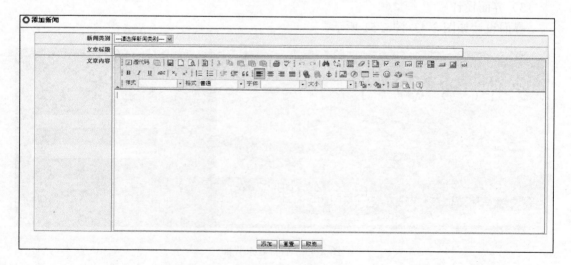

图 2-46　新闻添加

图 2-47　新闻主页

图 2-48　类别查询

图 2-49　搜索查询

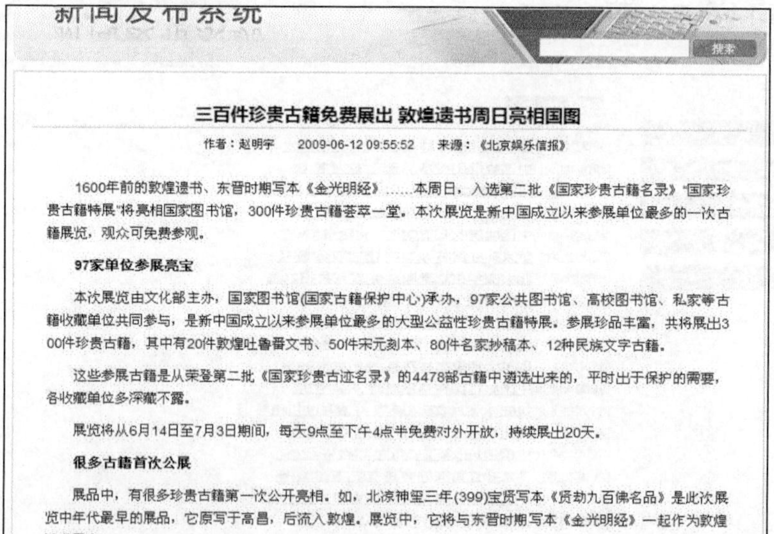

图 2-50　单条新闻阅览

图 2-51 评论发表

6. 项目效果总结

完成项目功能并掌握以下技术：

（1）使用 MVC 模型。

（2）常用数据库操作对象的使用。

◎课业

（1）实做一个 Web 应用程序，可动态产生使用者登入密码，送出窗体后必须通过密码验证才可观看到使用者页面，如图 2-52 所示。

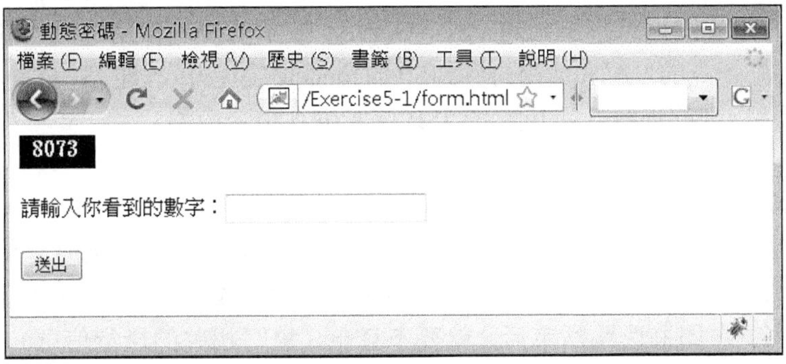

图 2-52 图片验证

（2）实做一个登入窗体，如果使用者勾选"记住名称密码"复选框，则下次造访窗体时，将会自动在名称、密码字段填入上次登入时所使用的值，如图 2-53 所示。

图 2-53　记住名字、密码

2.2　JavaWeb-Servlet 提高

对于 Servlet 接口，Sun 公司定义了两个默认实现类，分别为 GenericServlet 和 HttpServlet。

HttpServlet 指能够处理 HTTP 请求的 Servlet，它在原有 Servlet 接口上添加了一些与 HTTP 协议相关的处理方法，它比 Servlet 接口的功能更为强大。因此开发人员在编写 Servlet 时，通常应继承这个类，而避免直接去实现 Servlet 接口。

HttpServlet 在实现 Servlet 接口时，覆写了 Service 方法，该方法体内的代码会自动判断用户的请求方式，如果为 Get 请求，则调用 HttpServlet 的 doGet 方法，如果为 Post 请求，则调用 doPost 方法。因此，开发人员在编写 Servlet 时，通常只需要覆写 doGet 或 doPost 方法，而不要去重写 Service 方法。

2.2.1　项目 4　购物车系统

1．项目目标

通过模拟购物车系统的基本功能实现，使学生熟悉购物车原理，同时熟练开发 Web 应用程序所用到的相关知识点；加强对 JSP、Servlet 技术的熟练使用；巩固 JSP 中的 JSTL 和 EL、过滤器等知识点的理解和应用；使用 JSP 的 model2 模型开发，即 JSP+Servlet+JavaBean+JDBC，加深对 MVC 的理解。对所学的 JSP 技术进行综合应用。

2．项目描述

B2C（Business-to-Customer）网络购物流程如图 2-54 所示。如果消费者希望通过电子商务平台购买图书，首先需要注册成为网站会员。在注册成功之后，会员便可以登录系统，选购需要的图书。在图书选购结束后，就要下订单（填写相关的送货信息）并结账，最后，选择送货方式和支付方式从而完成交易过程。此外，系统提供了订单查询功能，会员还可以对已购书的订单进行查询。

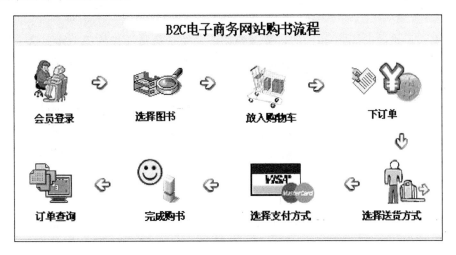

图 2-54　网站购书流程图

从图 2-54 可以看出，购物车系统需要记录会员信息、图书信息以及订单信息，为了操作方便，我们将送货与支付方式的选择放在了"下订单"这一步骤，另外系统还需要记录购物车的相关信息。

当会员登录系统，选购第一本图书时，系统为此会员生成一辆购物车，该购物车用来盛放会员选购的图书。选购过程中，会员可以将中意的图书放入购物车，更改已有图书的数量，还可以从购物车中删除已有的图书。当会员结束选购时，需要填写送货信息、选择送货方式以及支付方式，最后系统为该会员生成订单，结束网上购书过程。需要注意的是：生成订单时，系统自动将会员购物车中存储的购物信息转移到相应的订单信息表中。

通过上面的分析，可以得到系统的主要功能有：会员登录、图书选购与生成订单。

3. 项目知识点分析

（1）JSP 中的 JSTL 和 EL。
（2）JSP 中的隐式对象。
（3）JSP+JDBC 的应用。
（4）JSP model2（JSP+Servlet+JavaBean）。
（5）MVC。
（6）会话跟踪。
（7）JSP 中使用过滤器处理中文乱码问题。

4. 项目知识储备

Java 语言、JDK 1.7 或以上、Eclipse、MyEclipse 10 或以上、Tomcat 7.0 以上版本、MySQL 或 SQL Server 2008 等数据库。

5. 项目方案实施

1）会员登录

通过输入正确的 E-mail 和密码，登录购物车系统是会员操作的第一步。这个过程涉及登录界面的显示、用户输入数据的获取、用户信息的验证以及数据库的访问。

2）图书列表显示功能

图书列表功能主要完成以下操作：会员从图书列表所陈列的图书中选择中意的图书，通过单击图书，将图书（一本）放入该会员的购物车中并给出提示信息。在选购过程中会员随时可以单击"查看购物车"按钮，转到"购物车清单"页面查看购物车中的图书信息。

3）购物车清单页面功能

在购物车清单页面，会员可以浏览购物车中现有图书的详情，对于已选购的图书还可以进行增加和删除操作。

4）数据库设计

（1）会员信息比较简单，有会员 ID（主键、自增），由于会员 E-mail 的唯一性，用会员 E-mail 作为会员登录名，另外有会员名用来显示会员的中文名称，还需要会员的密码作为登录验证之用。

（2）图书表（books）存储待选购的图书信息。该表包含图书 ID、ISBN 编号、图书名称、图书价格、折扣、图书作者、出版社。

（3）购物车表（bookcart）存储每个登录会员的购物车信息。购物车表中包含购物车 ID、会员 ID、创建时间、图书总价格、图书总数量几个字段。

（4）由于购物车与图书是多对多（一辆购物车可以存放多种图书，一种图书可以放入多个购物车）的关系。为了减少数据冗余，使用购物清单表（cartlist）来存储会员购物车中的图书信息。购物清单表包含购物清单 ID、购物车 ID、图书 ID、图书折扣价以及本图书的选购数量。

（5）订单表（orders）包含订单 ID、会员 ID（谁的订单）、订单生成时间、收货人姓名、收货人电话、收货人地址、邮政编码、图书总数量、图书总价格、付款方式、配送方式以及是否发货。其中配送方式分为普通邮寄、送货上门、特快专递三种；付款方式分为货到付款、邮局汇款、银行转账三种。

（6）订单清单表（orderlist）包含订单清单 ID、订单 ID、图书 ID、图书折扣价以及本书购买数量。

（7）购物车系统需要 6 个数据表，其关系如图 2-55 所示。

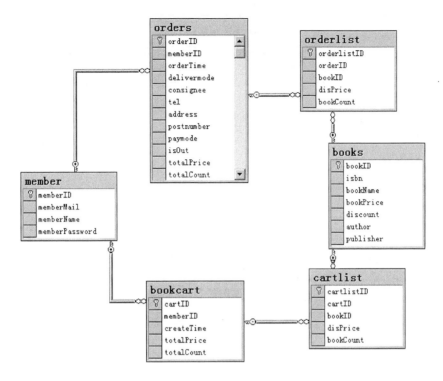

图 2-55　数据库表关系图

（8）类关系图如图 2-56 所示。

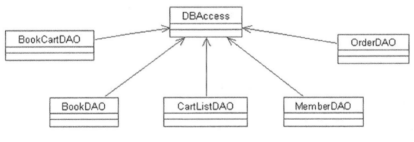

图 2-56　类关系图

5）项目效果界面

项目效果界面如图 2-57~图 2-61 所示。

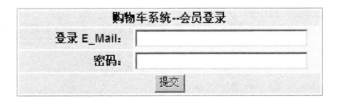

图 2-57　会员登录页面

购物车系统--图书列表

图书名称	ISBN	作者	出版社	定价	折扣	折扣价	购买
JavaScript程序设计	9787302148296	贾素玲等	清华大学出版社	26.00	0.65	16.90	🖱 购买
Java基础及应用教程	9787302150718	史斌星等	清华大学出版社	49.00	0.80	39.20	🖱 购买
Java2面向对象程序设计基础与实例解析	9787302150091	陈艳华	清华大学出版社	34.00	0.85	28.90	🖱 购买
Java基础教程（第2版）	9787302145783	耿祥义、张跃平	清华大学出版社	29.50	0.70	20.65	🖱 购买
JBoss平台上的JavaEE程序开发指南	9787302148760	张洪斌	高等教育出版社	38.00	0.80	30.40	🖱 购买
Java语言程序设计全真模拟试卷（二级）	9787302146957	戴军	高等教育出版社	35.00	0.90	31.50	🖱 购买
Java基础教程（第2版）实验练习与提高	9787302145981	张跃平、耿祥义	高等教育出版社	19.80	0.75	14.85	🖱 购买

查看购物车

图 2-58　图书列表页面

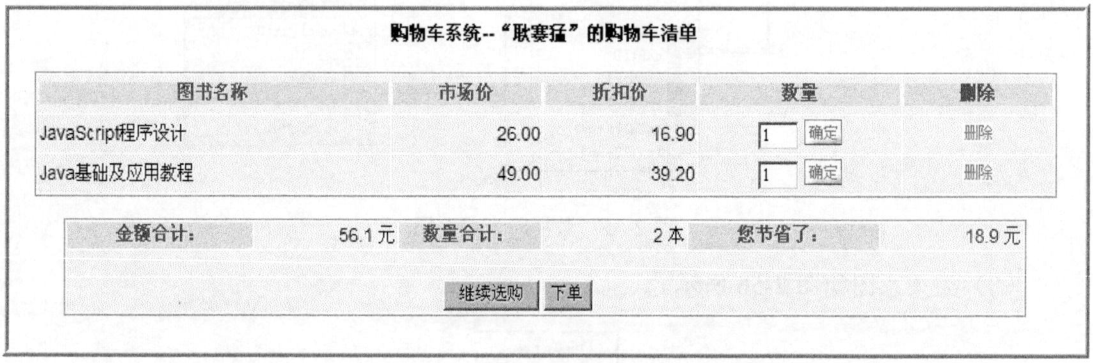

购物车系统--"耿赛猛"的购物车清单

图书名称	市场价	折扣价	数量	删除
JavaScript程序设计	26.00	16.90	1 确定	删除
Java基础及应用教程	49.00	39.20	1 确定	删除

金额合计：	56.1元	数量合计：	2本	您节省了：	18.9元

继续选购　下单

图 2-59　购物车清单页面

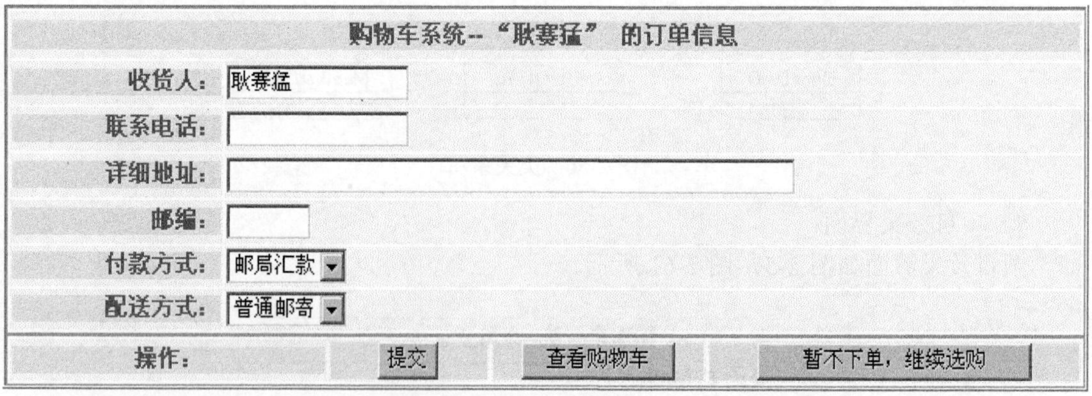

购物车系统--"耿赛猛" 的订单信息

收货人：　耿赛猛

联系电话：

详细地址：

邮编：

付款方式：　邮局汇款 ▾

配送方式：　普通邮寄 ▾

操作：　　　提交　　　查看购物车　　　暂不下单，继续选购

图 2-60　订单信息页面

图 2-61　订单详情页面

6. 项目效果总结

完成以下项目功能并掌握相关知识点：

（1）会员登录。

（2）图书列表显示。

（3）购买图书。

（4）购物车清单操作。

（5）订单信息添加页面。

（6）订单详情页面。

（7）编码规范。

◎课业

（1）模仿本节综合练习，重构 2.1.2 节课后练习中的留言板程序，将从档案读写留言板信息的职责封装至一个 MessageServlet 类别中。

（2）留言板程序不允许使用者输入 HTML 标签，但可以允许使用者输入一些代码完成一些简单的样式。例如， [b]粗体[/b]、[i]斜体[/i]、[big]放大字体[/big] [small]缩小字体[/small] HTML 的过滤功能，可以直接使用本章所开发的字符过滤器，并且请另行开发一个过滤器来完成代码替换的功能。

2.2.2　项目 5　留言板系统

1. 项目目标

加强对 JSP 、Servlet 技术的熟练使用；巩固 JSP 中的 JSTL 和 EL、过滤器等知识点的理解和应用；使用 JSP 的 model2 模型开发；加深对 JSP+Servlet+JavaBean 这种模式的理解；通过留言板系统的实现，熟练使用 JSP 和 JDBC，并学习使用 Web 中在线文本编辑器（FCKeditor）的技术。

2. 项目描述

留言板提供网站访客的留言功能，它接收访问者输入的信息，将其存入网站数据库，并且通过 Web 页面将访客的留言显示出来。提交留言功能将数据存入数据库，显示留言功能将数据库中的信息显示于页面上。为简单起见，仅考虑提交留言和显示留言这两个最基本的模块，而不考虑如用户注册、分页显示等功能，因而一个最基本的留言板分为提交留言和显示留言两部分。

3. 项目知识点分析

（1）JSP 中的 JSTL 和 EL。
（2）JSP 中的隐式对象。
（3）JSP+JDBC 的应用。
（4）JSP model2（JSP+Servlet+JavaBean）。
（5）MVC。
（6）在线文本编辑器（FCKeditor）。
（7）JSP 中使用过滤器处理中文乱码问题。

4. 项目知识储备

Java 语言、JDK 1.7 或以上、Eclipse、MyEclipse 10 或以上、Tomcat 7.0 或以上版本、MySQL 或 SQL Server 2008 等数据库。

5. 项目方案实施

（1）由于设计的是一个简单的留言板，其数据结构也相当简单，仅需要一张表来存储每条留言内容，每条留言可以包括以下几个部分：标题、作者、时间、内容。其数据库表（T_messages）结构如表 2-13 所示。

表 2-13　数据库表

编号	名称	类型	长度	约束	备注
1	mid	int	—	主键 自增（1,1）	编号
2	title	varchar	50	非空	留言标题
3	author	varchar	50	非空	作者
4	time	varchar	50	非空	留言时间
5	content	varchar	200	非空	留言内容

（2）按照如下结构创建包：

com.messageboard.dao ，数据访问包。

com.messageboard.db，数据库连接包。

com.messageboard.filter，过滤器包，其中包含字符编码过滤器。

com.messageboard.pojo，数据实体包。

com.messageboard.services，业务逻辑包。

com.messageboard.servlet，Servlet 控制包。

（3）界面如图 2-62 所示。

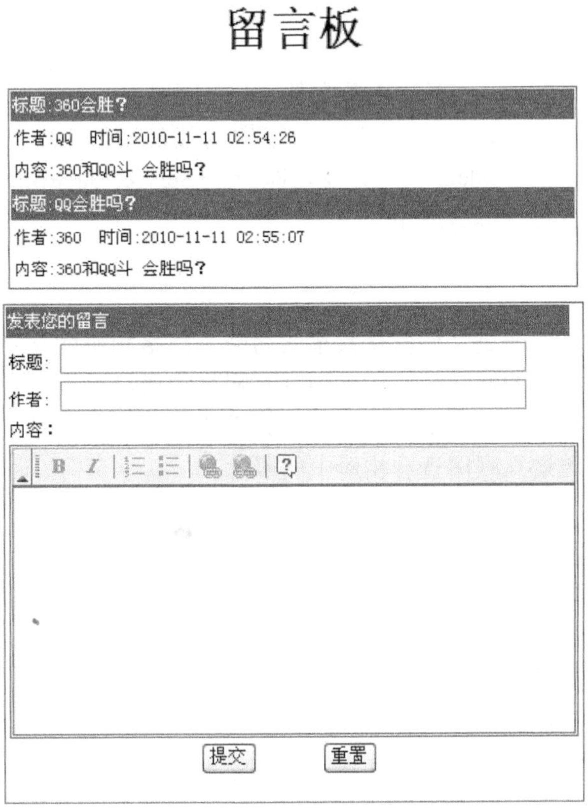

图 2-62　留言板

6. 项目效果总结

完成以下功能并掌握相关知识点：

（1）提交留言。

（2）显示留言。

（3）FCKeditor 的学习和使用。

（4）页面验证。

（5）MVC。

（6）EL 和 JSTL 的使用。

（7）编码规范。

◎课业

前面在实做在线留言板时，使用 Servlet 来实现画面的输出，请将其改为 JSP，并尽量使用本章所学得的 JSP 元素，减少 Scriptlet 的使用。

2.2.3　项目 6　网络相册项目

1. 项目目标

通过网络相册功能实现，使学生熟悉文件上传，同时熟练开发 Web 应用程序所用到的相关知识点；加强对 JSP、Servlet 技术的熟练使用；巩固 JSP 中的 JSTL 和 EL 等知识点的理解和应用；使用 JSP 的 model2 模型开发，即 JSP+Servlet+JavaBean，加深对 MVC 的理解；对所学的 JSP 技术进行综合应用。

2. 项目描述

网络相册提供的其实就是文件信息共享的功能。网络相册就是要把个人的照片上传到网络上，并形成一个个人的网络相册便于浏览。网络相册可以为个人提供一个保存照片文件的新途径，在网络相册中不需要占用个人计算机的空间，只需将照片上传至服务器后，用户就可以随时随地通过互联网查看相册中的照片。

3. 项目知识点分析

（1）JSP 中的 JSTL 和 EL。
（2）JSP 中的隐式对象。
（3）JSP+JDBC 的应用。
（4）JSP model2（JSP+Servlet+JavaBean）。
（5）MVC。
（6）在线文本编辑器（FCKeditor）。
（7）JSP 中使用过滤器处理中文乱码问题。

4. 项目知识储备

Java 语言、JDK 1.7 或以上、Eclipse、MyEclipse 10 或以上、Tomcat 7.0 以上版本、MySQL 或 SQL Server 2008 等数据库。

5. 项目方案实施

（1）网络相册将访问用户分成了两类：一类是普通用户；另一类是会员用户。普通用户只有注册成为会员用户以后才可以使用网站提供的网络相册功能，网络相册用户对应的功能如表 2-14 所示。

表 2-14　功能表

角色名称	功能描述
普通用户	用户注册
会员用户	创建相册、删除相册、创建照片、删除照片

（2）接着可以综合表中的内容和需求描述中介绍的各功能的使用流程分析出如图 2-63 所示的用例图。

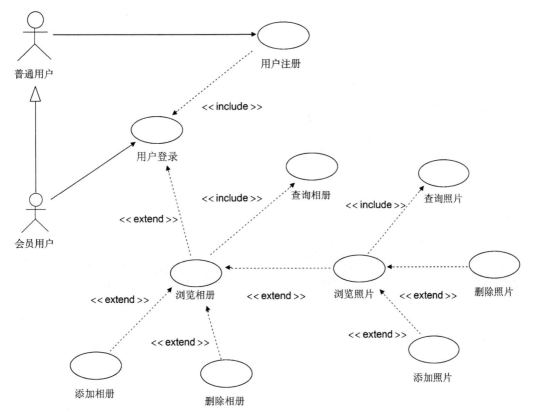

图 2-63　用例图

用例图中体现的是系统角色与各个功能之间的关系。从图 2-63 中可以看出系统到底需要完成哪些对用户有价值的功能。

从用例图中可以分析出：①用户必须在浏览相册以后才能再浏览照片、添加或删除照片；②在每次浏览相册和浏览照片时都隐含着一个查询照片的功能；③用户只有通过注册后才能成为会员用户；④会员在创建相册之后才可以使用照片管理功能。

（3）按照如下结构创建包：

com.control.servlet，控制层 Servlet 包；

com.model.connection，数据库连接包；

com.model.dao，数据访问类包；

com.model.vo，实体包；

com.util，工具包。

（4）所有参考界面如图 2-64～图 2-70 所示。

图 2-64　登录 　　　　　　　　　　　　　　　　　　图 2-65　注册

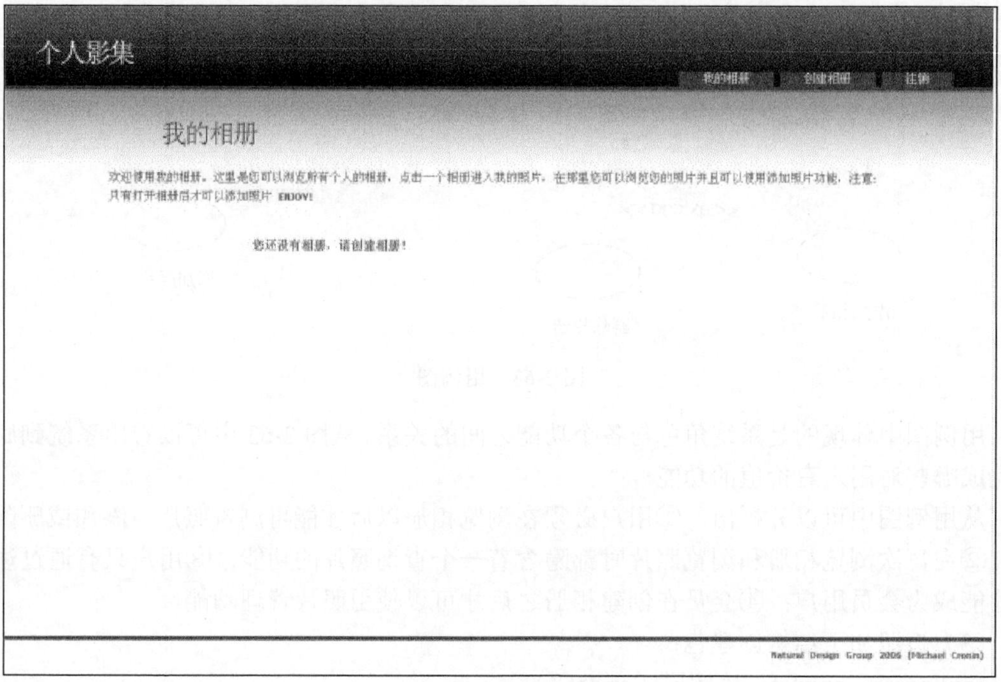

图 2-66　主界面

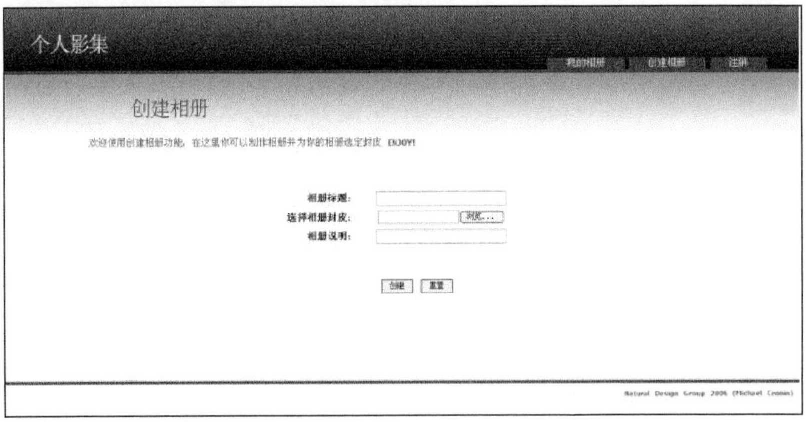

图 2-67　创建相册

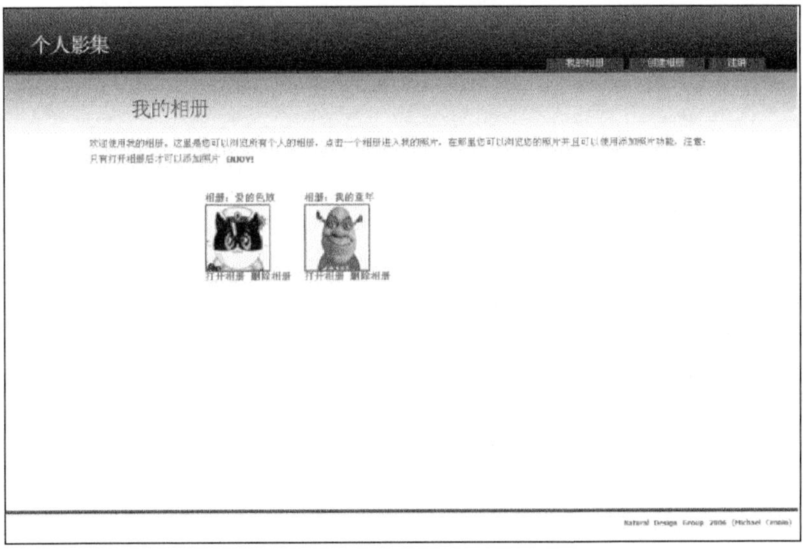

图 2-68　创建相册后的主界面

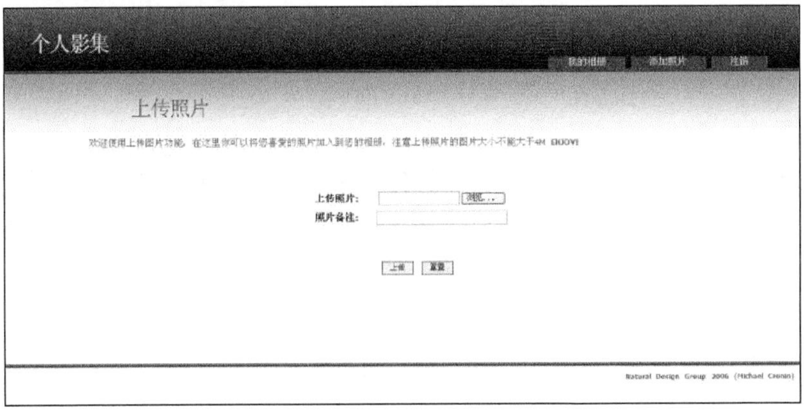

图 2-69　上传照片

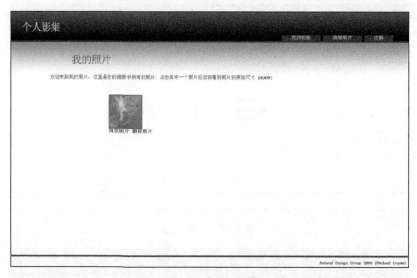

图 2-70　相册中的照片信息

6. 项目效果总结

实现如下功能并掌握相关知识点：
（1）用户注册。
（2）用户登录。
（3）创建相册。
（4）删除相册。
（5）创建照片。
（6）删除照片。
（7）注销。
（8）编码规范。

◎课业

（1）请开发一个自定义标签，可以如下使用：

```
<g:eachImage var="image" dir="/avatars">
 <img src="${image}"/><br> </g:eachImage>
```

可以指定某个目录，将取得该目录下所有图片的路径，并设定给 var 所指定的变量名称，之后在标签本体中可以使用该名称（像上例使用${image}搭配<img>卷标将图片显示在浏览器上）。

（2）将课后练习的留言板程序，JSP 页面中的 Scriptlet 使用 EL、JSTL 或自定义标签取代，让 JSP 页面中不出现任何的 Scriptlet。

第3章 JavaWeb-MVC

MVC 模型是一种架构型的模式，本身不引入新功能，只是帮助人们将开发的结构组织得更加合理，使展示与模型分离，流程控制逻辑、业务逻辑调用与展示逻辑分离。

模型（model）：数据模型，提供要展示的数据，因此包含数据和行为，可以认为是领域模型或 JavaBean 组件（包含数据和行为），现在一般都分离开来，即 Value Object（数据）和服务层（行为）。也就是模型提供了模型数据查询和模型数据的状态更新等功能，包括数据和业务。

视图（view）：负责进行模型的展示，一般就是人们见到的用户界面，客户想看到的东西。

控制器（controller）：接收用户请求，委托给模型进行处理（状态改变），处理完毕后把返回的模型数据返回给视图，由视图负责展示。也就是说控制器做了调度员的工作。

3.1 JavaWeb-MVC 基础

Web MVC 标准架构如图 3-1 所示。

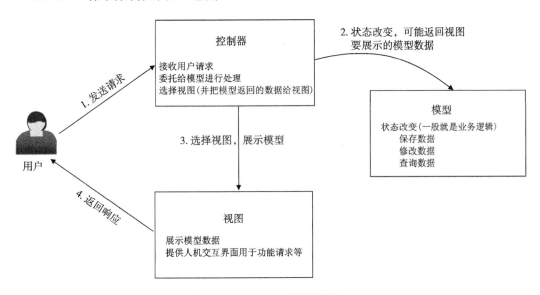

图 3-1 Web MVC 标准架构

在 Web MVC 模式下，模型无法主动推送数据给视图，如果用户想要视图更新，需要再发送一次请求（即请求-响应模型）。

3.1.1　项目 1　考勤管理系统

1．项目目标

通过该项目熟练使用 MVC 的开发模式（JSP+Servlet+JavaBean），掌握 JDBC 的封装，JSTL、EL 表达式的使用，使用 SVN（Subversion）作为版本管理工具。

2．项目描述

上班登记考勤是所有公司每天必须做的事情。如果这个环节控制不好，那么公司的员工可能会经常性地迟到、早退，给公司的运营造成不良的影响。而每个公司都会有自己的一套考勤管理办法，来适应公司的实际情况。例如，生产性质的企业或公司会有多个班次：白班、中班、夜班等；而服务性质的企业可能只有白天上班，如银行、税务等。

小型企业和公司统计考勤的方式采用手工记录，月底汇总统计，然后上交财务计算工资。中型或大型企业采用手工记录的方式可能就会很费力伤神了，因为员工太多，特殊的情况也会相应地出现，例如，各种请假的情况（病假、事假、产假）、外出、加班、倒休等。在这种情况下就需要使用相关的软件对其进行管理，以达到快速、准确地记录这些相关信息。

A 公司员工数量达到了百人以上，办公地点也分布在不同的区域。公司分为若干个部门，部门分为两级，每级部门下面都会有若干个员工。公司采用纸制的方式记录每天的考勤状态，每个办公地点都有一个专人负责。各个办公地点的考勤负责人需要把每天的考勤情况上报给总部，总部进行汇总后，发布至内部的办公自动化（OA）系统。这个过程需要大量的时间对数据进行查找和汇总，因此公司领导总是不能及时查看到考勤情况。月底对考勤情况汇总也会出现相应的难题。为了解决这些问题，A 公司决定开发一套考勤管理系统，来辅助考勤人员完成相应的工作。

3．项目分析

项目分析如表 3-1 所示。

表 3-1　项目分析

考勤管理系统			
项目名称	考勤管理系统	时间安排	共 20 课时，理论 6 课时，实践 14 课时
代码量	6000 行	项目难度	★★★☆☆
项目简介	小型企业和公司统计考勤的方式采用手工记录，月底汇总统计，然后上交财务计算工资。中型或大型企业采用手工记录的方式可能就会很费力伤神了，因为员工太多，特殊的情况也会相应地出现，例如，各种请假的情况（病假、事假、产假）、外出、加班、倒休等。在这种情况下就需要使用相关的软件对其进行管理。以达到快速、准确地记录这些相关信息		
项目目的	通过该项目熟练使用 MVC 的开发模式（JSP+Servlet+JavaBean），掌握 JDBC 的封装，JSTL、EL 表达式的使用，使用 SVN 作为版本管理工具		

考勤管理系统	
涉及主要技术	（1）MVC 的开发模式； （2）JDBC 的封装； （3）SVN 版本控制； （4）JSP 相关知识； （5）过滤器； （6）Servlet 相关知识
数据库	Microsoft SQL Server 2008
编程环境	开发平台：JDK 1.7 以上版本 开发工具：MyEclipse 10 或以上版本 数据库：Microsoft SQL Server 2008 及以上版本 服务器：Tomcat 7.0 版本控制：SVN
项目特点	MVC 开发模式
技术重点	（1）系统架构层次； （2）使用 JDBC 访问数据库
技术难点	SVN 版本控制

4．项目知识储备

（1）系统架构层次。

（2）使用 JDBC 访问数据库。

5．项目方案实施

1）功能分析

考勤管理系统主要完成以下功能：

（1）因为需求中要求对员工的考勤进行管理，并且考勤是细化到每半天的情况。而这些数据正是考勤系统的基础数据，每天的出勤情况汇总，月、年出勤情况汇总或者指定时间段的出勤情况，甚至某部门某人员的出勤情况都需要这些基础数据产生，所以需要对员工考勤记录进行管理。

（2）提供了 5 种单据的格式，包括请假单、加班单、倒休单、外出单和出差单。这些单据记录了人员的请假、加班、倒休、外出和出差情况，这些也是属于考勤范畴的。所以对这些单据的管理也要加入系统中。

（3）系统用户可以查询每天的员工考勤情况。

（4）系统用户要求将出勤情况生成汇总表，然后可以生成公告放入客户的 OA 系统。

（5）因为考勤的数据和薪金计算息息相关，但是在本考勤系统中用户并不要求对薪金进行管理，只是要求能够生成月报表，然后交付财物部门之后用于薪金计算。所以系统要能够生成月度考勤汇总表。

以上是系统的主要业务功能，因为考勤系统中需要管理人员的考勤信息，所以还需要员工的信息，员工还需要标明其职位，同时员工分属于部门，所以系统中还应该包含以下几部分。

（1）部门管理，分为两级部门。

（2）职位管理。

（3）员工管理，管理员工信息时需要指明员工属于哪个部门。

（4）系统用户的管理。可以为用户分配能够管理哪几个部门。因为客户公司有多个考勤员，每个考勤员管理的部门不同。

下面对每个功能进行详细的分析，分析采用由基础数据到业务数据的方式，因为一般情况下业务数据都需要使用基础数据作为铺垫，分析如下。

（1）部门管理。

部门分为两级。每个部门均可设置上下午的上班时间和下班时间以及是否支持大小礼拜。用户可以添加、修改和删除部门。删除部门时需要判断部门下是否有员工，如果有员工存在则不允许删除。

部门的数据内容包括部门名称、上午上班时间、上午下班时间、下午上班时间、下午下班时间、是否支持大小礼拜、上级部门。

（2）职位管理。

可以添加、修改和删除职位信息。职位的数据内容包括职位名称。

（3）员工管理。

可以添加、修改和删除员工信息。员工的数据内容包括员工名称、性别、职位、部门、员工卡编号和备注。其中员工卡编号是为以后使用打卡机预留的数据字段，这个卡编号会和打卡机使用的卡的编号匹配，卡的编号必须唯一。

（4）用户管理。

可以添加、修改和删除考勤员。可以为考勤员设置其管理的部门。删除用户时，需要判断考勤员是否已经分配了可以管理的部门。如果已经有管理的部门，则不允许删除，将用户状态设置为禁用。

用户的数据内容包括考勤员账号、密码、姓名、账号是否可用、是否是超级管理员。

（5）考勤记录管理。

可以设置员工的考勤状态，考勤状态分为 13 种，分别为出勤、公休、迟到、旷工、外出、出差、加班、倒休、事假、病假、婚假、丧假和产假。设置不同的状态需要填写不同的单据。出勤、公休、迟到和旷工不需要填写单据，直接修改状态即可。出差需要填写出差单据，加班需要填写加班单据，倒休需要填写倒休单。事假、病假、婚假、丧假和产假需要填写请假单。

考勤管理的数据内容包括员工编号、卡号、员工部门、考勤日期、考勤时间、考勤时段（上午/下午）、考勤状态、管理员编号、与单据关联的编号和备注。

（6）请假单管理。

考勤员根据请假的纸质单据，将情况录入系统，包括请假人、请假类型、请假时间、天数、领导审批、请假原因、申请时间、录入人等信息。对于未及时填写的或者间断的情况，可以补充。内容详见需求中提供的请假单。

（7）加班单管理。

考勤员根据加班申请纸质单据，将员工加班情况录入系统。包括加班人、加班时间、加班原因、领导审批等信息。内容详见需求中提供的加班单。

（8）倒休单管理。

考勤员根据倒休申请纸质单据，将员工申请倒休情况录入系统。包括倒休人、倒休时间、天数、对应加班时间、领导审批、倒休原因等信息。对于未及时填写的，可以补充；审批后的加班才可进行倒休。内容详见需求中提供的倒休单。

（9）外出单管理。

考勤员根据外出登记纸质单据，将员工外出情况录入系统。包括外出人、外出原因、外出时间等信息。内容详见需求中提供的外出单。

（10）出差单管理。

考勤员根据出差登记纸质单据，将出差情况录入系统。然后同时生成出差记录。内容详见需求中提供的出差单。

（11）查询考勤记录。

用户可以按年月日查询某个部门或某个员工的考勤情况，也可以指定一个时间段进行查询。查询时可以按照不同的考勤状态进行筛选。例如，查询 2009 年 4 月 6 日软件部的所有旷工人员。查询出的结果可以导出 Excel 文件。

（12）生成考勤公告。

按不同的部门生成除出勤状态外所有其他人的情况。例如，软件部：王民（外出—北京），黄海（旷工），张君（病假）。

（13）生成考勤汇总表。

可以按照年、月或者时间段生成考勤的汇总表。汇总表格式见需求中的月度考勤表。

2）数据库设计

（1）数据库表，如表 3-2 所示。

表 3-2　数据库表

数据库表	说明
Att_Admin	用户表
Att_AdminPopedom	用户权限表
Att_AttendanceRecord	考勤记录表
Att_AttendanceType	考勤状态表
Att_Department	部门表
Att_Employees	员工表
Att_Notes	单据表
Att_OvertimeRecord	加班明细表
Att_Position	职务表

（2）表结构说明，如表 3-3~表 3-12 所示。

表 3-3　用户表结构

表名	Att_Admin（用户表）			
列名	数据类型（精度范围）	空/非空	约束条件	说明
AdminID	int	非空	PK（自增）	ID
AdminAccount	nvarchar(50)	非空		用户账号
AdminPwd	nvarchar(50)	非空		密码
AdminState	bit	非空		是否启用此账号
AdminRight	bit	非空		是否超级管理员
AdminName	nvarchar(50)	非空		用户名称

表 3-4　用户权限表结构

表名	Att_AdminPopedom（用户权限表）			
列名	数据类型（精度范围）	空/非空	约束条件	说明
PopedomID	int	非空	PK（自增）	ID
DepartmentID	int	非空	外键（部门）	部门编号
AdminID	int	非空	外键（用户）	用户编号

表 3-5　考勤记录表结构

表名	Att_AttendanceRecord（考勤记录表）			
列名	数据类型（精度范围）	空/非空	约束条件	说明
AttendanceID	int	非空	PK（自增）	ID
EmployeeID	int	非空	外键（员工）	员工编号
CardNumber	nvarchar(50)	非空		员工卡号
AttendanceDate	datetime	非空		考勤日期
AttendanceTime	datetime	空		考勤时间
AttendanceFlag	char(1)	非空		考勤时段（1 代表上午，2 代表下午）
AttendanceType	int	非空	外键（考勤类型表）	考勤类型
AttendanceMemo	nvarchar(200)	空		备注
AdminID	int	非空	外键（用户）	考勤员编号
TempDepartmentId	int	非空	外键（部门）	部门编号
NoteId	int	非空	外键（单据）	单据编号

表 3-6　考勤状态表结构

表名	Att_AttendanceType（考勤状态表）			
列名	数据类型（精度范围）	空/非空	约束条件	说明
TypeId	int	非空	PK（自增）	ID

表名	Att_AttendanceType（考勤状态表）			
列名	数据类型（精度范围）	空/非空	约束条件	说明
TypeName	nvarchar(20)	非空		状态名称
TypeCategory	int	非空		是否为请假类型（1 代表是，0 代表不是）

表中的数据是固定的，不能在程序中进行管理，数据如表 3-7 所示。

表 3-7　考勤状态表数据

TypeId	TypeName	TypeCategory
1	出勤	0
2	公休	0
3	迟到	0
4	旷工	0
5	外出	0
6	出差	0
7	加班	0
8	倒休	0
9	事假	1
10	病假	1
11	婚假	1
12	丧假	1
13	产假	1

表 3-8　部门表结构

表名	Att_Department（部门表）			
列名	数据类型（精度范围）	空/非空	约束条件	说明
DepartmentID	int	非空	PK（自增）	ID
DepartmentName	nvarchar(100)	非空		部门名称
StartTimeAM	datetime	非空		上午上班时间
EndTimeAM	datetime	非空		上午下班时间
StartTimePM	datetime	非空		下午上班时间
EndTimePM	datetime	非空		下午下班时间
WeekType	bit	非空		是否支持大小礼拜
ParentID	int	非空		父级部门编号，一级部门为 0

表 3-9　员工表结构

表名	Att_Employees（员工表）			
列名	数据类型（精度范围）	空/非空	约束条件	说明
EmployeeID	int	非空	PK（自增）	ID
EmployeeName	nvarchar(100)	非空		员工名称
EmployeeGender	bit	非空		员工性别（0：女；1：男）
Position	int	非空	外键（职务）	职务编号
Department	int	非空	外键（部门）	部门编号
CardNumber	nvarchar(50)	非空		员工卡号
EmployeState	char(1)	非空		员工状态（1：正常；0：停用）
EmployeeMemo	nvarchar(200)	空		备注

表 3-10　单据表结构

表名	Att_Notes（单据表）			
列名	数据类型（精度范围）	空/非空	约束条件	说明
NoteID	int	非空	PK（自增）	ID
DepartmentID	int	非空	外键（部门）	部门编号
EmployeeID	int	非空	外键（员工）	申请人
NoteType	int	非空	外键（考勤状态）	单据类型
EmployeeIDs	nvarchar(1000)	非空		出差人集合
Cause	nvarchar(1000)	非空		事由
FillInTime	datetime	非空		填表日期
DirectorSign	nvarchar(200)	空		主管经理签名意见
AdministrationSign	nvarchar(200)	空		行政经理签名意见
PresidentSign	nvarchar(200)	空		总裁签名意见
StartDate	datetime	非空		起始日期
StartTime	nvarchar(50)	空		起始时间
EndDate	datetime	非空		结束日期
EndTime	nvarchar(50)	空		结束时间
OvertimeIDs	nvarcahr(200)	空		加班时间集合，关联加班记录表，将加班记录 ID 拼接为字符串，以逗号分隔存入此处。例如，1,2,3,4
Vehicle	nvarchar(50)	空		交通工具
ProjectName	nvarchar(200)	空		项目名称
AdminID	int	非空	外键（用户）	录入人
NoteMemo	nvarchar(500)	空		备注
OperatorID	int	非空	外键（员工）	代理人编号
IsVerify	bit	非空		是否审核，0：否；1：是 默认 0，审批才可倒休

表 3-11　加班明细表结构

表名	Att_OvertimeRecord（加班明细表）			
列名	数据类型（精度范围）	空/非空	约束条件	说明
OvertimeID	int	非空	PK（自增）	ID
EmployeeID	nvarchar(100)	非空	外键（员工）	员工编号
OvertimeDate	datetime	非空		加班日期
OvertimeFlag	char(1)	非空		加班时段，1：上午，2：下午，3：晚上两小时
OvertimeState	char(1)	非空		1：需倒休，2：已倒休
IsVerify	bit	非空		是否审核，0：否；1：是 默认 0，审批才可倒休
OvertimeMemo	nvarchar(1000)	空		备注
OperatorID	int	非空	外键（员工）	代理人编号
NoteID	int	非空	外键（单据）	单据编号

表 3-12　职务表结构

表名	Att_Position（职务表）			
列名	数据类型（精度范围）	空/非空	约束条件	说明
PositionID	int	非空	PK（自增）	ID
PositionName	nvarchar(50)	非空		职务名称

3）界面设计

系统涉及很多页面，下面将对每个页面进行设计和分析。首先是系统的登录页，设计如下：

主要功能：登录页用来验证用户是否有权限进入系统，如图 3-2 所示。

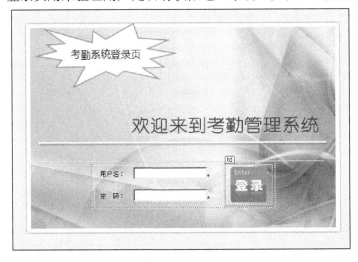

图 3-2　登录页

　　登录系统后，显示系统的主页，系统主页是框架页，分为三个框架，头部框架显示一个图片，主要是美化的作用；左框架显示系统的导航菜单；右框架显示系统的主要功能页面。效果如图 3-3 所示。

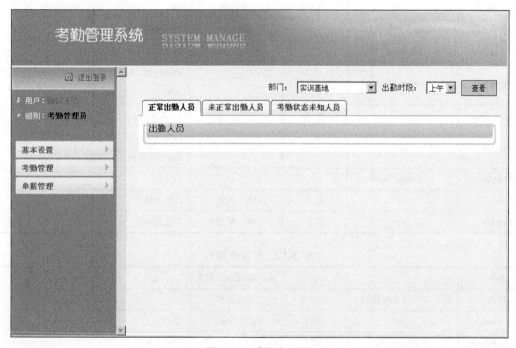

图 3-3　系统主页面

　　可以通过左边的菜单定位到相应的功能，定位到部门管理页面，可以对部门进行添加、修改和删除的操作，可以添加一级部门的子部门和员工信息，效果如图 3-4 所示。

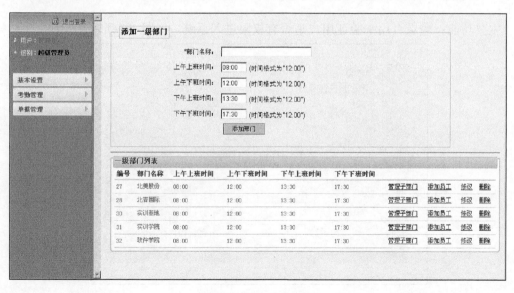

图 3-4　部门管理主页

职务管理页可以添加、修改和删除职务信息，页面效果如图 3-5 所示。

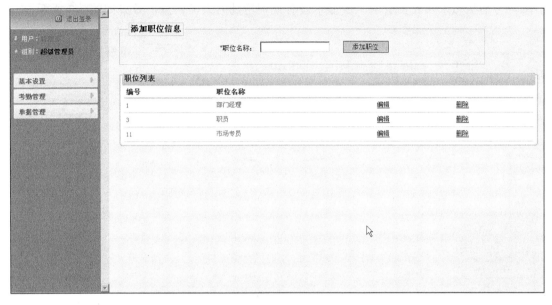

图 3-5　职务管理页面

员工管理页可以对员工进行添加、修改和删除操作。为了方便定位到某个员工，提供了根据用户名称和所在部门进行查询的功能，效果如图 3-6 所示。

图 3-6　员工管理主页

今日考勤页面，可以记录当天的员工考勤记录，页面也可以通过部门和上午/下午时段对员工的考勤情况进行筛选。页面使用了三个选项卡：分别为正常出勤人员、非正常出勤人员和考勤状态未知人员。正常出勤人员选项卡中显示考勤状态为：出勤、倒休、外出、

公休和出差的人员信息。非正常出勤选项卡中显示考勤状态为：迟到、请假、旷工的人员
信息。考勤状态未知人员选项卡中显示没有处理考勤的人员信息，效果如图 3-7 所示。

图 3-7　今日考勤页面

考勤公告页面用来生成某天的考勤情况，效果如图 3-8 所示。

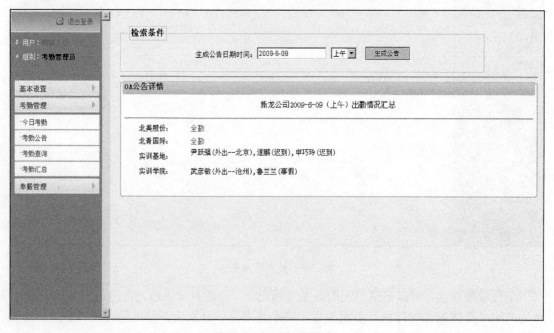

图 3-8　考勤公告页面

考勤查询可以通过多种条件组合查询员工的考勤信息，页面效果图如图 3-9 所示。

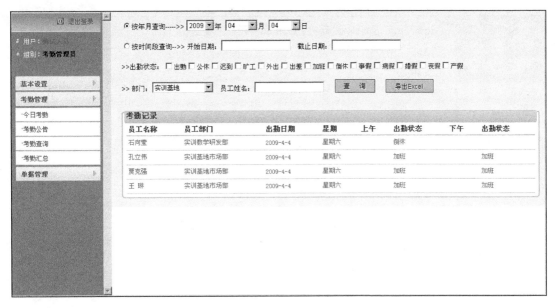

图 3-9 考勤查询页面

考勤汇总可以以月为单位汇总：每个员工某个月度迟到多少次、旷工多少次、倒休多少次和加班多少次等。也可以通过时间段进行汇总，效果如图 3-10 所示。

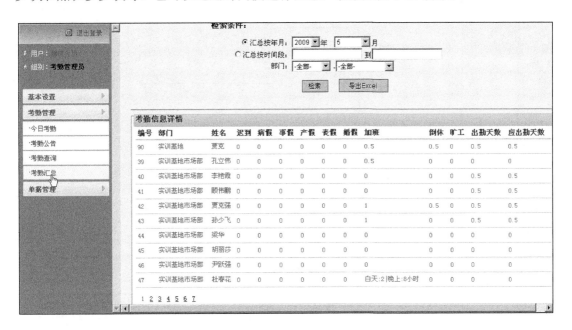

图 3-10 考勤汇总页面

请假单管理可以添加和查看请假单据，并且能够对单据进行查询，效果如图 3-11 和

图 3-12 所示。

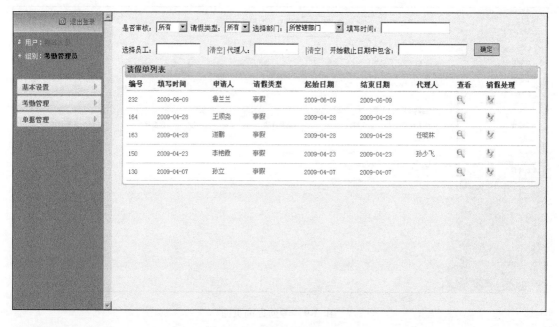

图 3-11 请假单管理页面

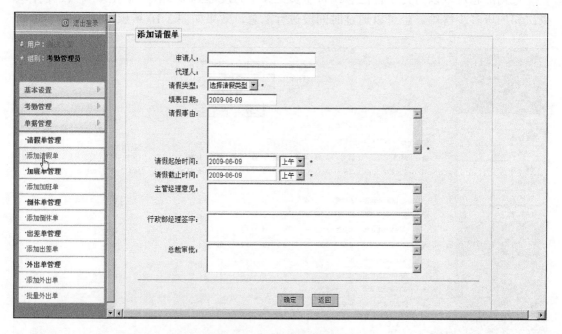

图 3-12 添加请假单页面

加班单管理可以添加、查看和审核加班单据,并且能够对单据进行查询,效果如图 3-13 和图 3-14 所示。

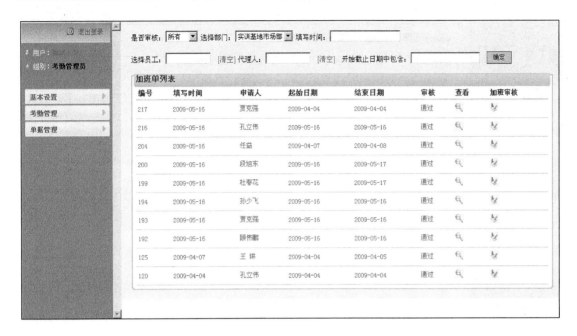

图 3-13　加班单管理页面

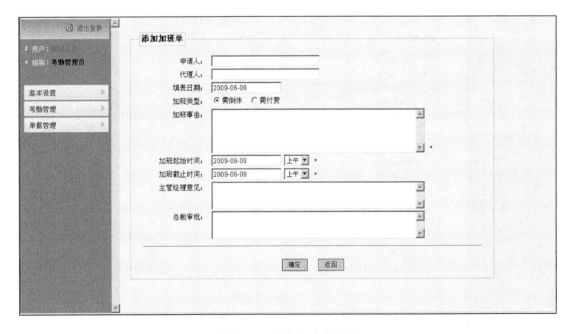

图 3-14　添加加班单页面

倒休单管理可以添加、查看倒休单据，并且能够对单据进行查询，效果如图 3-15 和图 3-16 所示。

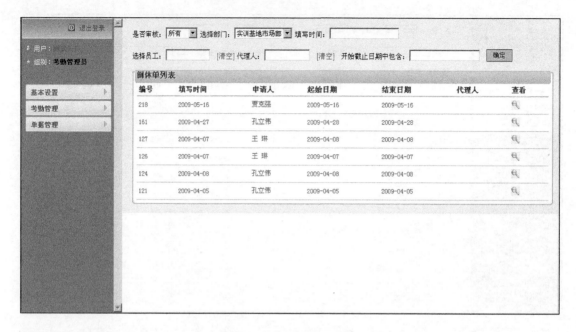

图 3-15　倒休单管理页面

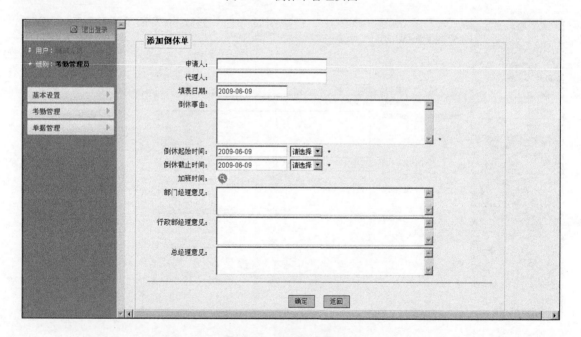

图 3-16　添加倒休单页面

外出单管理可以添加、查看外出单据，并且能够对单据进行查询，效果如图 3-17 和图 3-18 所示。

图 3-17　外出单管理页面

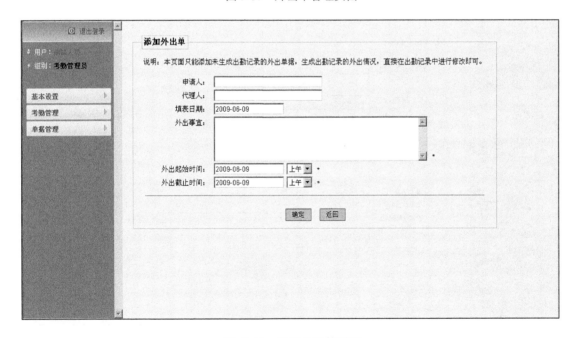

图 3-18　添加外出单页面

出差单管理可以添加、查看出差单据，并且能够对单据进行查询，效果如图 3-19 和图 3-20 所示。

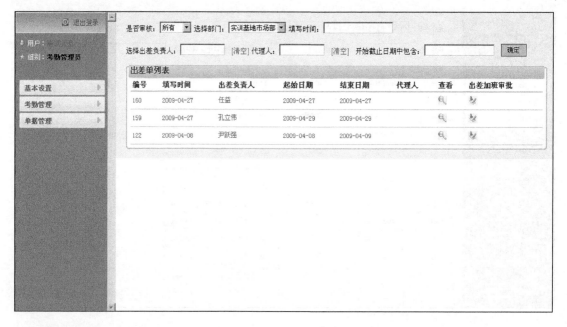

图 3-19　出差单管理页面

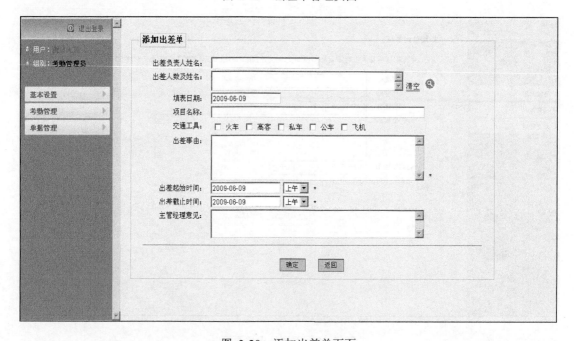

图 3-20　添加出差单页面

6. 项目效果总结

完成项目功能并掌握以下技术：

（1）MVC 的开发模式。

（2）JDBC 的封装。

（3）SVN 版本控制。

（4）JSP 相关知识。

（5）过滤器。

（6）Servlet 相关知识。

◎课业

（1）在控制器 ArtController 中编写代码完成获取信息列表功能。

（2）编写 Model 层 ArtOp 类的 GetList 方法，完成获取信息列表的业务逻辑。

（3）编写存储过程 GetArt 完成数据库中的获取信息列表功能。

3.1.2　项目 2　牛牛面粉厂管理系统

1．项目目标

通过此项目，深入掌握 JSP+Servlet 开发技术，理解进销存业务。

2．项目描述

全球化信息经济的发展，必然导致信息技术在企业信息管理中的不断深入应用，传统企业信息管理模式显然已不能适应时代的要求。现代信息技术正在改变着产品、生产过程、企业和产业，甚至竞争本身的性质。把信息技术看成辅助或服务性的工具已经成为过时的观念，管理者应该认识到信息技术的广泛影响和深刻含义，以及怎样利用信息技术来创造有力而持久的竞争优势。无疑，信息技术正在改变着人们习以为常的经营之道，一场关系到企业生死存亡的技术革命已经到来。

随着以计算机技术、通信技术、网络技术为代表的现代信息技术的飞速发展，人类社会正从工业时代阔步迈向信息时代。人们越来越重视信息技术对传统产业的改造，以及对信息资源的开发和利用。这样对人类社会的各种活动都将产生巨大的影响，那么，企业信息管理作为人类社会的重要和基本的经济活动，自然也要运用信息技术，不断地发展、壮大，以适应全球化的经济发展。

随着信息技术传递和处理信息效率的提高，企业信息技术对企业管理产生了非常大的影响，对管理理论的发展也提出了进一步的要求。信息技术对企业的影响主要表现在以下几个方面。

（1）降低企业成本。现今世界上广泛使用的 POS 系统、EDI 系统等，不仅确保了工作的准确性和及时性，而且能改善产品库存，而制造业普遍使用的 MRP Ⅱ系统能合理安排生产，提高零部件配套率，缩短生产周期，加速资金周转。

（2）缩短新产品的开发周期，如汽车制造业中，在日本和美国，由于运用 CAD（Computer Aided Design）设计新型车型，将原来的开发周期由 5 年缩短至 1 年，效率之高可见一斑。

（3）提高产品和服务的差异化。企业运用信息技术，进行产品服务的创新，一般是不容易被同行效仿的，从而提高了产品服务的差异化，增加了竞争优势。

（4）提高转换成本，改善企业与客户、供应商的关系。信息技术的引入及应用，使企业能在同行中做到"人无我有，人有我优"，不仅能锁定原有市场，还能不断吸引新客户开拓新市场。

企业信息化对企业信息管理的发展起到了巨大的推动作用，丰富了企业信息管理的各个方面。企业必须正确分析、研究企业信息化对企业管理的影响，把握信息化的特点，才能制定出适合自身的发展战略。

3．项目分析

项目分析如表 3-13 所示。

表 3-13　项目分析

牛牛面粉厂简介			
项目名称	牛牛面粉厂	时间安排	共 30 课时，理论 8 课时，实践 22 课时
代码量	6000 行	项目难度	★★★★★
项目简介	牛牛面粉厂进销存系统是一款实用性很强的电子台账平台，该系统为面粉厂提供一个方便、有效的工作和管理的平台，对面粉厂的账务和库存进行了集中的管理，从而方便了面粉厂日常的信息管理		
项目目的	通过此项目，深入掌握 JSP+Servlet 开发技术，理解进销存业务		
涉及主要技术	JDBC CUID 数据库 JSP+Servlet 技术 iReport 输出 PDF 文件 自定义标签 HTML JavaScript		
数据库	MySQL 5.0		
编程环境	开发工具：JDK 1.7 MyEclipse 10 或以上版本 报表工具：iReport		
项目特点	基于 HTTP 的 B/S（Brower/Server）的 Web 应用程序		
技术重点	自定义 MVC 框架 自定义数据访问层框架		
技术难点	系统架构的 MVC 构建过程 报表输出		

4. 项目知识储备

（1）自定义 MVC 框架。
（2）自定义数据访问层框架。
（3）系统架构的 MVC 构建过程。
（4）报表输出。

5. 项目方案实施

1）功能分析

（1）客户信息维护：面粉厂要与农户、粮油店或原粮供应商建立业务关系，农户或其他企业需提供个人信息或企业信息，其中包括个人姓名或企业名称、身份证号或企业组织机构代码号、地址、电话等，系统需记录此信息，备其他模块使用。

（2）产品信息维护：面粉厂生产的面粉分为几种规格，如 70 粉、80 粉等，系统需维护此信息，备其他模块使用。

（3）原粮入库：农户将小麦存于面粉厂时，需提供个人信息，面粉厂的工作人员根据农户信息记录农户小麦入库数量，之后面粉厂和农户各留原粮入库凭证一份，系统需提供农户信息查询、小麦库存管理及入库凭证打印的功能。

（4）面粉领用：农户需领用面粉时，需提供个人信息，面粉厂工作人员根据农户信息查询农户小麦库存，将农户现有的小麦根据农户的要求重量及选择的面粉规格兑换成面粉，之后面粉厂和农户各留面粉领用凭证一份；系统需提供农户信息查询、维护小麦库存和生产时产生的麸皮库存及打印面粉领用凭证的功能（麸皮根据农户的选择可以为农户入库或直接领用回家）。

（5）库存处理：农户将库存小麦或麸皮领用回家或卖给面粉厂时，需提供个人信息，面粉厂工作人员根据农户信息查询农户相关物品库存，为农户进行库存处理，系统需提供农户信息查询、维护商品库存及打印库存处理凭证的功能。

（6）原粮购置：面粉厂向原粮供应商购买小麦时，面粉厂工作人员需查询供应商信息及购买重量，之后面粉厂和供应商各留原粮购置凭证一份，系统需提供供应商信息查询、维护面粉厂小麦库存及打印原粮购置凭证的功能。

（7）面粉加工：面粉厂将小麦加工成面粉的过程，系统需记录加工明细，维护面粉厂小麦、面粉及麸皮的库存。

（8）产品销售：面粉厂将小麦、面粉或辅料（麸皮）卖给粮油店或农户的时候，面粉厂需记录交易信息，之后面粉厂和客户各留产品销售凭证一份，系统需提供客户信息查询、面粉厂库存维护及打印产品销售凭证的功能。

（9）备注：由于面粉厂和客户均可能丢失凭证，系统需提供历史凭证查询及打印的功能，在交易过程中，面粉领用、库存处理、原粮购置、产品销售模块，会出现现金交易，系统还应对账务进行简单的管理，为了方便面粉厂的库存管理，还要提供库存查询的功能。

2）数据库设计

（1）数据库关系图，如图 3-21 所示。

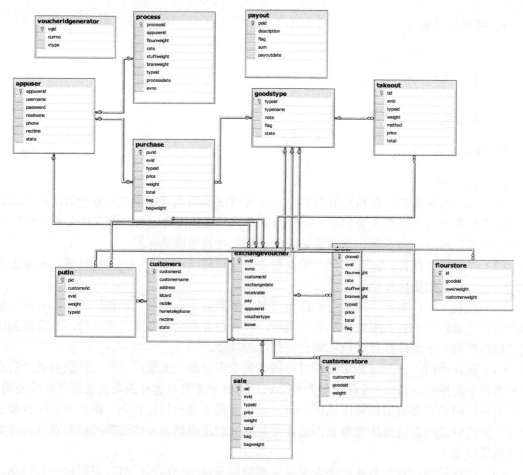

图 3-21　数据库关系图

（2）表汇总，如表 3-14 所示。

表 3-14　表汇总

序号	表	功能说明
1	appuser	系统用户表
2	customers	客户信息表
3	customerstore	客户库存表
4	draw	面粉领用表
5	exchangevoucher	兑换凭证表
6	flourstore	面粉厂库存表
7	goodstype	商品表
8	process	面粉加工表
9	purchase	原粮购置表
10	putin	原粮入库表

续表

序号	表	功能说明
11	sale	商品销售表
12	takeout	库存处理表
13	voucheridgenerator	凭证编号表

（3）数据库说明，如表 3-15~表 3-27 所示。

系统用户表（appuser），如表 3-15 所示。

表 3-15 系统用户表

序号	中文含义	字段名	类型	长度	备注
01	用户编号	appuserid	int	11	PK,自增
02	用户名	username	VC	32	非空
03	用户密码	password	VC	32	非空
04	用户真实姓名	realname	VC	32	
05	用户联系电话	phone	VC	32	
06	注册时间	rectime	datetime		默认为系统当前日期
07	用户状态	state	bit	1	0：删除；1：正常
主键	appuserid				
索引					
变更					
备注	系统用户表主要用来保存系统管理员的相关信息，通过此表来对系统用户进行相关操作				

客户信息表（customers），如表 3-16 所示。

表 3-16 客户信息表

序号	中文含义	字段名	类型	长度	备注
01	客户编号	customerid	int		PK,自增
02	客户姓名	customername	VC	32	不为空
03	客户地址	address	VC	32	非空
04	客户证件号	idcard	VC	32	非空
05	手机	moblie	VC	32	非空
06	电话	hometelephone	VC	32	非空
07	注册时间	rectime	datetime		默认为系统时间
08	客户状态	state	bit	1	非空 0：删除；1：正常
主键	customerid				
索引					
变更					
备注	客户信息表主要用来保存客户的相关信息，当实现添加客户、修改客户、删除客户时会对此表进行操作				

客户库存表（customerstore），如表 3-17 所示。

表 3-17　客户库存表

序号	中文含义	字段名	类型	长度	备注
01	客户库存编号	id	int		主键,自增
02	客户编号	customerid	int		外键
03	产品类型编号	goodsid	int		外键
04	库存重量	weight	float		单位为 kg
主键	id				
索引					
变更					
备注	客户库存表主要用来保存客户库存的相关信息。当客户原粮入库、领用面粉、出库时对此表进行操作				

面粉领用表（draw），如表 3-18 所示。

表 3-18　面粉领用表

序号	中文含义	字段名	类型	长度	备注
01	面粉领用编号	drawid	int		主键，自增
02	兑换凭证编号	evid	int		外键
03	领用面粉重量	flourweight	float	8,2	
04	出粉率	rate	float	8,2	
05	需要小麦的重量	stuffweight	float	8,2	
06	麸皮的重量	branweight	float	8,2	
07	面粉种类	typeid	int		外键
08	加工单价	price	float	8,2	单位：元
09	总加工费	total	float	8,2	
10	是否领用麸皮	flag	hit		1：领用；0：没领
主键	drawid				
索引					
变更					
备注	面粉领用表主要用来保存面粉领用的领用信息明细，顾名思义，当客户领用面粉时对此表进行操作				

凭证表（exchangevoucher），如表 3-19 所示。

表 3-19　凭证表

序号	中文含义	字段名	类型	长度	备注
01	兑换凭证编号	evid	int		PK,自增
02	凭证编号	evno	VC	8	外键
03	客户编号	customerid	int	11	外键

序号	中文含义	字段名	类型	长度	备注
04	日期	exchangedate	datetime		默认 sysdate
05	应收金额	receivable	float	8,2	
06	实收金额	pay	float	8,2	
07	经办人编号	appuserid	int		外键
08	凭证类型编号	vouchertype	int	11	
09	是否欠款	isowe	bit	1	0：不欠款；1：欠款
主键	evid				
索引					
变更					
备注	凭证表主要用来保存凭证的相关信息				

面粉厂库存表（flourstore），如表 3-20 所示。

表 3-20　面粉厂库存表

序号	中文含义	字段名	类型	长度	备注
01	编号	id	int		PK,自增
02	商品类型	goodsid	int		外键
03	现有库存量	owerweight	float	8,2	
04	用户库存量	customerweight	float	8,2	
主键	id				
索引					
变更					
备注	面粉库存表主要用来保存面粉厂库存的相关信息，当客户入库、领用面粉、处理库存、面粉厂原粮购置、面粉加工、产品销售时此表会改变				

商品表（goodstype），如表 3-21 所示。

表 3-21　商品表

序号	中文含义	字段名	类型	长度	备注
01	产品编号	typeid	int		PK,自增
02	产品名称	typename	VC	32	
03	面粉出粉率	note	VC	32	
04	产品类型标识	flag	int	1	1：原粮 2：原粮加工后的辅料 3：面粉
05	产品状态	state	bit	1	0：删除；　1：正常

序号	中文含义	字段名	类型	长度	备注
主键	typeid				
索引					
变更					
备注	商品表主要用来保存商品的相关记录				

面粉加工表（process），如表 3-22 所示。

表 3-22　面粉加工表

序号	中文含义	字段名	类型	长度	备注
01	主键	processid	int		PK,自增
02	用户编号，经办人	appuserid	int		外键
03	加工面粉重量	flourweight	float		
04	出粉率	rate	float		
05	加工所需原粮重量	stuffweight	float		
06	麸皮重量	branweight	float		
07	面粉类型	typeid	int		外键
08	加工日期	processdate	datetime		
09	加工编号	evno	int		
主键	processid				
索引					
变更					
备注	面粉加工表主要用来保存面粉加工的相关信息				

原粮入库表（putin），如表 3-23 所示。

表 3-23　原粮入库表

序号	中文含义	字段名	类型	长度	备注
01	原粮入库编号	pid	int		PK,自增
02	客户编号	customerid	int		外键
03	凭证编号	evid	int		外键
04	入库重量	weight	float		单位为 kg
05	入库产品类型	typeid	int		外键
主键	pid				
索引					
变更					
备注	原粮入库表主要用来保存原粮入库的基本信息				

商品销售表（sale），如表 3-24 所示。

表 3-24　商品销售表

序号	中文含义	字段名	类型	长度	备注
01	商品销售编号	sid	int		PK,自增
02	兑换凭证编号	evid	int		
03	商品类型编号	typeid	int		外键
04	商品单价	price	float		
05	商品重量	weight	float		
06	总价	total	float		
07	袋数	bag	float		
08	每袋重量	bagweight	float		
主键	sid				
索引					
变更					
备注	商品销售表主要用来保存商品销售的相关细节				

原粮购置表（purchase），如表 3-25 所示。

表 3-25　原粮购置表

序号	中文含义	字段名	类型	长度	备注
01	原粮购置编号	purid	int		PK,自增
02	凭证编号	evid	int		
03	购置产品类型	typeid	int		外键
04	单价	price	float		
05	购置重量	weight	float		
06	购置总价	total	float		
07	袋数	bag	float		
08	每袋重量	bagweight	float		
主键	purid				
索引					
变更					
备注	原粮购置表用来保存原粮购置记录的相关信息				

库存处理表（takeout），如表 3-26 所示。

表 3-26　库存处理表

序号	中文含义	字段名	类型	长度	备注
01	库存处理编号	tid	int		PK,自增

续表

序号	中文含义	字段名	类型	长度	备注
02	凭证编号	evid	int		
03	处理商品编号	typeid	int		外键
04	处理商品重量	weight	float		
05	处理方式	method	int		1：出库；2：收购
06	单价	price	float		
07	总价	total	float		
主键	evid				
索引					
变更					
备注	库存处理表主要用来保存库存处理的兑换记录				

凭证编号表（voucheridgenerator），如表 3-27 所示。

表 3-27　凭证编号表

序号	中文含义	字段名	类型	长度	备注
01	主键	vgid	int		PK,自增
02	凭证编号	currno	int		
03	凭证类型	vtype	int		凭证类型 1：兑换入库凭证 2：面粉领用凭证 3：库存处理凭证 4：原粮购置凭证 5：产品销售凭证 6：面粉加工凭证
主键	vgid				

3）界面设计

原粮入库页面表单，如图 3-22 所示。

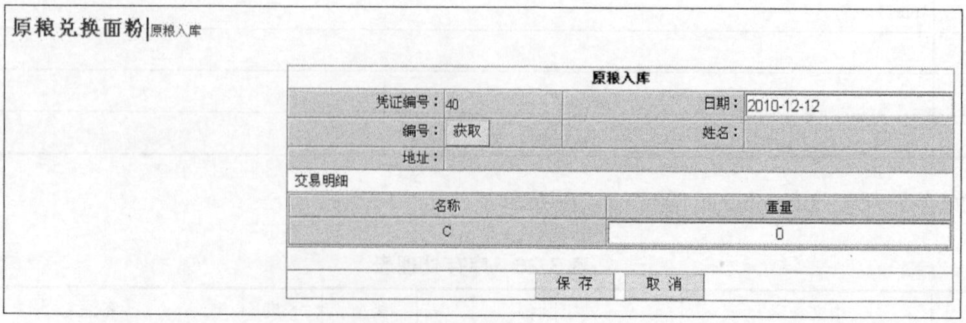

图 3-22　原粮入库页面表单

凭证如图 3-23~图 3-35 所示。

图 3-23　原粮入库凭证

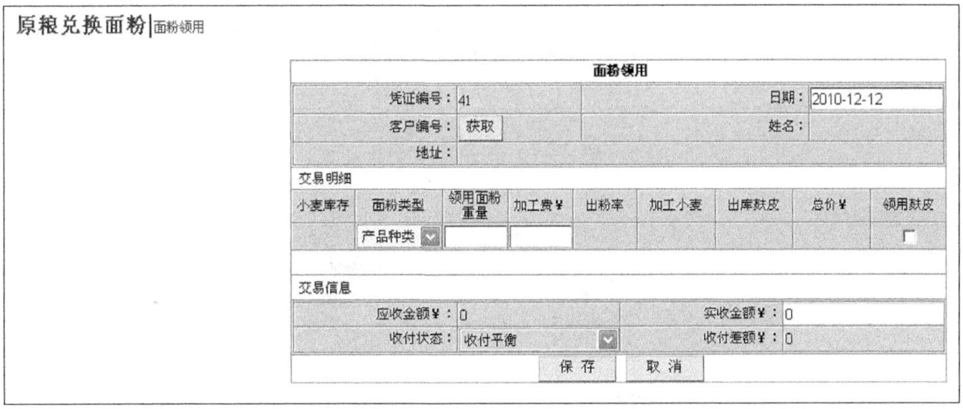

图 3-24　面粉领用表单

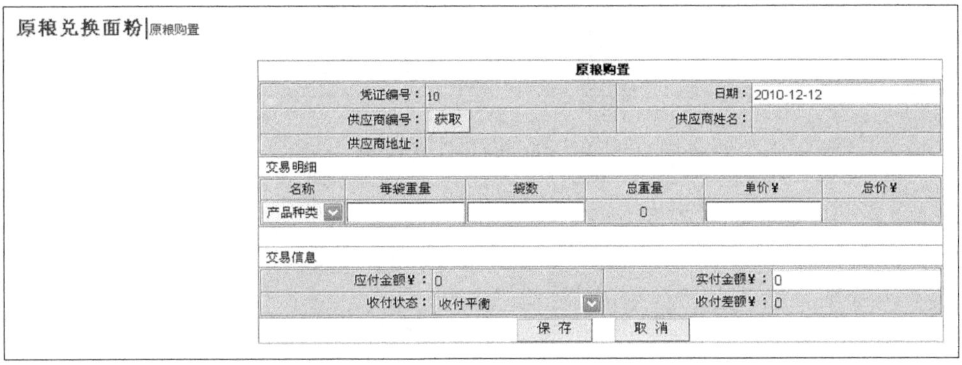

图 3-25　原粮购置表单

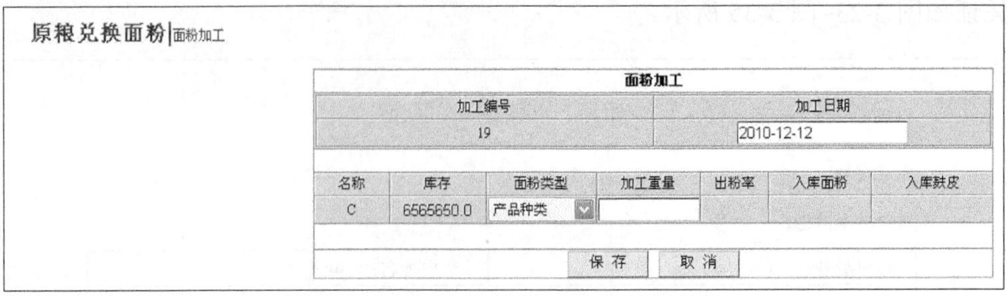

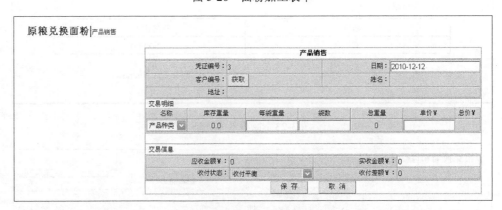

图 3-26　面粉加工表单

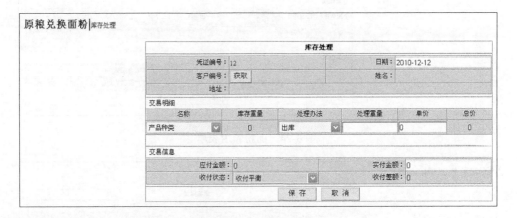

图 3-27　产品销售表单

图 3-28　库存处理表单

客户欠款查询|客户欠款纵览

图 3-29　客户欠款预览

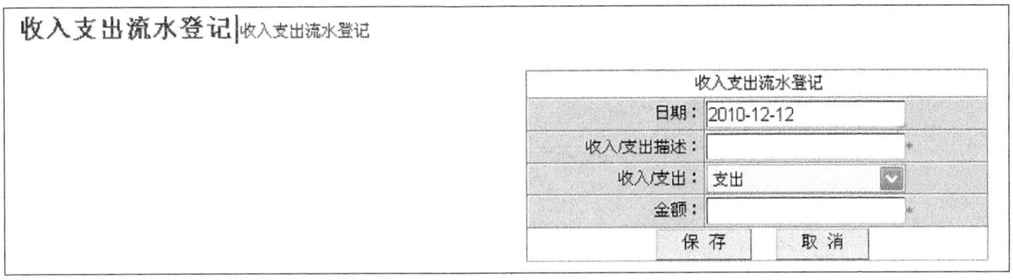

收入支出流水登记 收入支出流水登记

收入支出流水登记	
日期：	2010-12-12
收入/支出描述：	*
收入/支出：	支出
金额：	*
保存 取消	

图 3-30　收入支出查询表单

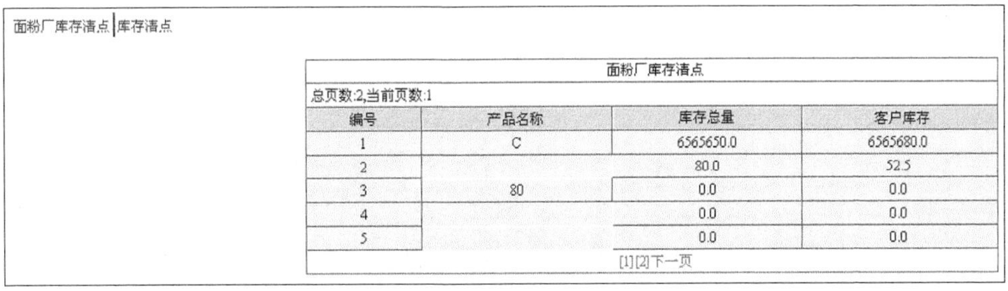

面粉厂库存清点 库存清点

面粉厂库存清点			
总页数:2,当前页数:1			
编号	产品名称	库存总量	客户库存
1	C	6565650.0	6565680.0
2		80.0	52.5
3	80	0.0	0.0
4		0.0	0.0
5		0.0	0.0
[1][2]下一页			

图 3-31　库存清点

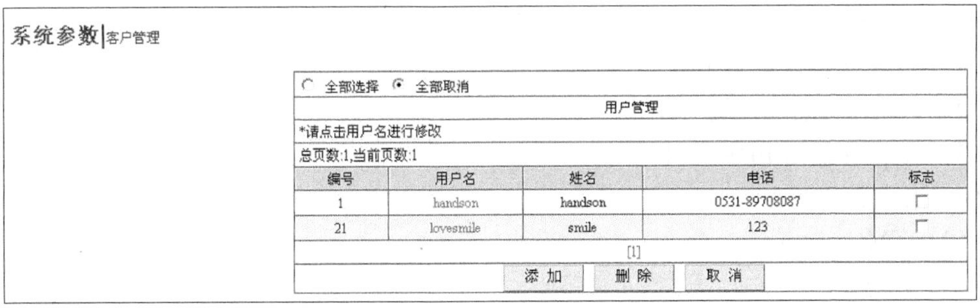

系统参数 客户管理

全部选择 ○　全部取消 ⊙				
用户管理				
*请点击用户名进行修改				
总页数:1,当前页数:1				
编号	用户名	姓名	电话	标志
1	handson	handson	0531-89708087	□
21	lovesmile	smile	123	□
[1]				
添加　删除　取消				

图 3-32　账户管理

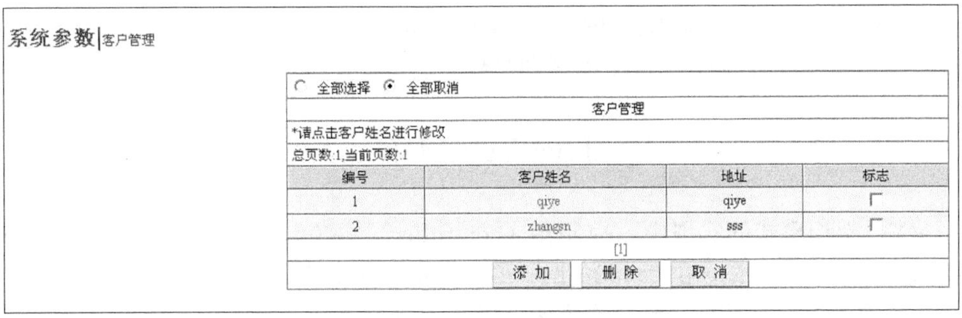

系统参数 客户管理

全部选择 ○　全部取消 ⊙			
客户管理			
*请点击客户姓名进行修改			
总页数:1,当前页数:1			
编号	客户姓名	地址	标志
1	qiye	qiye	□
2	zhangsn	sss	□
[1]			
添加　删除　取消			

图 3-33　客户管理

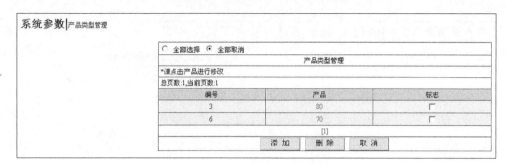

图 3-34　产品类型管理

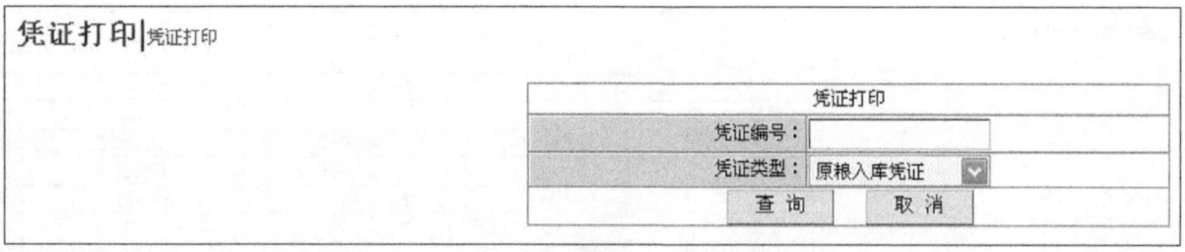

图 3-35　凭证打印

6. 项目效果总结

完成项目功能并掌握以下技术：

（1）JDBC CUID 数据库。

（2）JSP+Servlet 技术。

（3）iReport 输出 PDF 文件。

（4）自定义标签。

（5）HTML。

（6）JavaScript。

◎**课业**

（1）MVC 的各个部分都由哪些技术来实现？如何实现？

（2）应用服务器与 Web Server 的区别是什么？

3.2　JavaWeb-MVC 提高

在 MVC 架构模式的实现中，控制器（controller）由 Servlet 来实现，视图（view）由 JSP 来实现，模型（model）由 JavaBean 来实现。Servlet 负责创建和调用 JavaBean 的方法，并为 JSP 页面准备模型数据。数据的传递过程是：Servlet 将 JavaBean 对象保存到范围对象（如 HttpServletRequest 或 HttpSession 对象）中，然后 JSP 页面通过和动作元素来得到 JavaBean 中的数据并进行展示。

3.2.1　项目 3　权限管理系统

1．项目目标

加强对 JSP、Servlet 技术的熟练使用；巩固 JSP 中的 JSTL 和 EL、过滤器等知识点的理解和应用；使用 JSP 的 model2 模型开发；加深对 JSP+Servlet+JavaBean 这种模式的理解；通过权限管理系统的实现，熟练使用 JSP 和 JDBC，并学习使用 dhtmlxTree 的应用。

2．项目描述

B/S 系统中的权限比 C/S（Client/Server）中的更显重要，C/S 系统因为具有特殊的客户端，所以访问用户的权限检测可以通过客户端实现或通过客户端+服务器检测实现，而 B/S 中，浏览器是每一台计算机都已具备的，如果不建立一个完整的权限检测，那么一个"非法用户"很可能就能通过浏览器轻易访问到 B/S 系统中的所有功能，因此 B/S 业务系统都需要有一个或多个权限系统来实现访问权限检测，让经过授权的用户可以正常合法地使用已授权功能，而对那些未经授权的"非法用户"，则将其彻底地"拒之门外"。下面就让我们一起了解一下如何设计可以满足大部分 B/S 系统中对用户功能权限控制的权限系统。

需求陈述如下：

（1）不同职责的人员，对于系统操作的权限应该是不同的。优秀的业务系统，这是最基本的功能。

（2）可以对"角色"进行权限分配。对于一个大企业的业务系统来说，如果要求管理员为其员工逐一分配系统操作权限，是件耗时且不方便的事情。所以，系统中就提出了对"角色"进行操作的概念，将权限一致的人员编入同一角色，然后对该角色进行权限分配。

（3）权限管理系统应该是可扩展的。它应该可以加入任何带有权限管理功能的系统中。就像是角色一样可以被不断地重用，而不是每开发一套管理系统，就要针对权限管理部分进行重新开发。

（4）满足业务系统中的功能权限。传统业务系统中，存在着两种权限管理，其一是功能权限的管理，而另外一种则是资源权限的管理。在不同系统之间，功能权限是可以重用的，而资源权限则不能。

数据库设计相对来说比较简单，操作员与角色间是多对一的关系，一个操作员只能属于一种角色，而一个角色下可能会有多个操作员，不同角色会对应自己相应的功能，这些功能会组成不同的系统操作菜，菜单上的文字及文字对应的 URL 地址，可以归属为 Web 资源，资源和角色间是多对多的关系，一个资源也就是一个功能可以属于多个角色，一个角色也可以对应多个资源。

3．项目知识点分析

（1）JSP 中的 JSTL 和 EL。

（2）JSP 中的隐式对象。

（3）JSP+JDBC 的应用。

（4）JSP model2（JSP+Servlet+JavaBean）。

（5）MVC。

（6）使用 dhtmlxTree 的应用。

（7）JSP 中使用过滤器处理中文乱码问题。

4. 项目知识储备

Java 语言、JDK 1.7 或以上、Eclipse、MyEclipse 10 或以上、Tomcat 7.0 以上版本、MySQL 或 SQL Server 2008 等数据库。

5. 项目方案实施

从需求中可知，权限管理系统包括：登录、角色管理、用户管理、密码修改、切换用户等功能。

1）登录功能

用户输入正确的用户名和密码，然后验证用户信息，验证通过后，根据用户编号获得用户权限信息，然后进入后台主页面，根据用户权限信息控制功能和资源信息显示。

2）角色管理

包括添加角色、修改角色、删除角色和查看角色信息。

角色信息包括编号、名字。

3）权限功能

类型：系统权限和用户密码。

操作：增、删、改、查。

资源：用户、角色、密码。

在添加角色时，首先以树形结构显示系统权限划分（具体的树形结构请查看下面的页面），输入角色名称后，勾选权限划分，然后单击"提交"按钮，完成角色创建。

修改角色，可以修改角色名和其对应的权限划分。

删除角色，由于角色和用户之间存在主外键管理，在删除角色时，首先要判断角色下是否有用户信息，如果有用户信息，则不能删除，需先删除其角色下对应的所有用户信息后，方可删除角色信息。

4）用户管理

用户信息包括：用户编号、用户名、描述、角色编号。

（1）添加用户信息。用户输入用户名和描述后，选择角色类型，然后保存用户信息到数据库中。

（2）修改用户信息。用户输入修改后的用户名和描述，以及角色类型后，保存到数据库中。

（3）删除用户信息。选择要删除的用户信息，单击其后面对应的红叉，提示用户是否删除用户，如果单击"是"按钮，则删除用户。

（4）密码修改。输入用户新密码，保存到数据库中。

（5）切换用户。从后台主页面跳转到登录页面。

系统初始时，分三个角色：管理员、超级用户、普通用户，管理员拥有所有权限，超级用户拥有用户管理的添加、修改以及修改密码权限；普通用户只有修改密码权限。当然，通过角色和用户管理，可以让系统中的任何一个用户获得不同的权限。

5）要求

按照如下结构创建包。

com.popedom.dao，数据访问包。

com.popedom.dbconnection，数据库连接包。

com.popedom.pojo，数据实体包。

com.popedom.servlet，Servlet 控制包。

com.popedom.util，工具包，包含字符编码过滤器类。

6）参考界面

所有参考界面如图 3-36~图 3-53 所示。

图 3-36　登录页面设计

图 3-37　管理员登录后主页面

图 3-38　角色管理页面

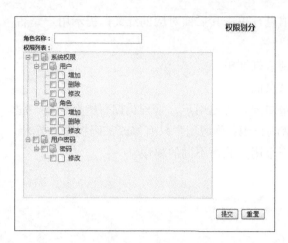

图 3-39　添加角色页面

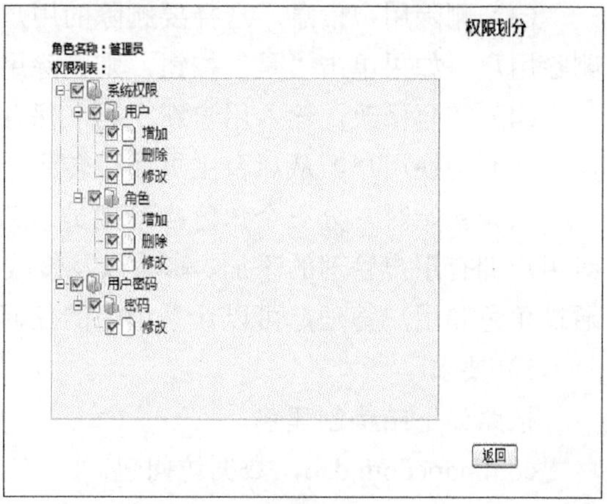

图 3-40　查看管理员角色

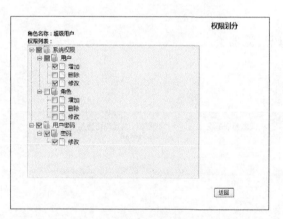

图 3-41　查看超级用户角色

图 3-42　查看普通用户角色

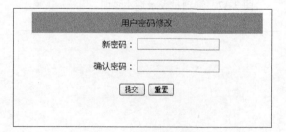

图 3-43　密码修改页面

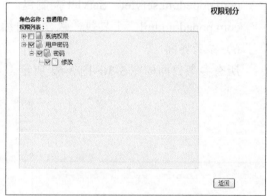

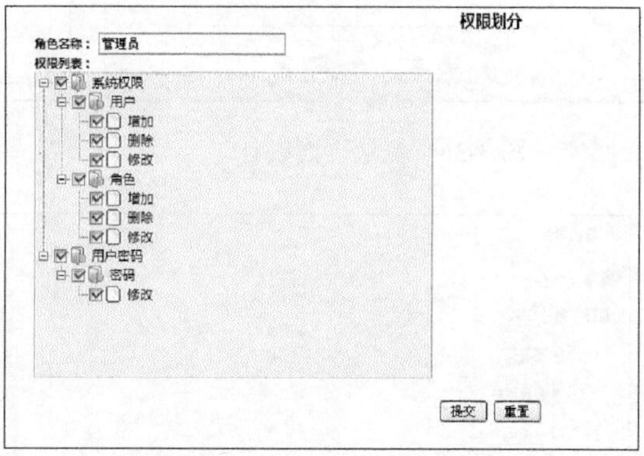

图 3-44　修改角色页面

图 3-45　删除角色页面

图 3-46　删除角色时，判断该角色下是否有用户，如果有提示信息页面

权限管理系统	bsmith欢迎您，你可以切换用户
用户管理 密码修改	欢迎使用权限管理系统

图 3-47　超级用户登录后主页面

权限管理系统			bsmith欢迎您，你可以切换用户	
用户管理 密码修改	用户列表			
	新建用户			
	编号	用户名	描述	操作
	1	root	系统管理员	
	5	bsmith	首席构架师	
	6	jack	普通用户	

图 3-48　超级用户对用户管理页面（没有删除用户权限）

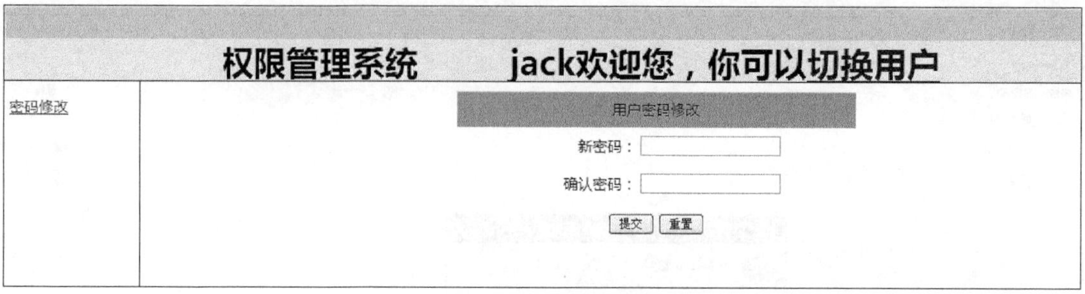

权限管理系统　　　jack欢迎您，你可以切换用户		
密码修改	用户密码修改	
	新密码：	
	确认密码：	
	提交　重置	

图 3-49　普通用户登录后主页面

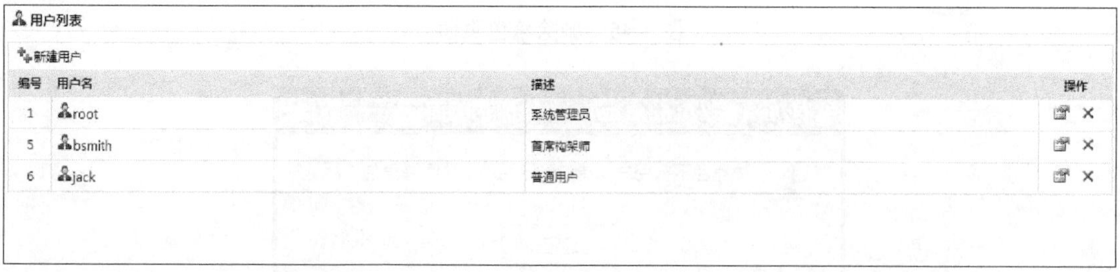

用户列表				
新建用户				
编号	用户名	描述		操作
1	root	系统管理员		✕
5	bsmith	首席构架师		✕
6	jack	普通用户		✕

图 3-50　用户管理主页面

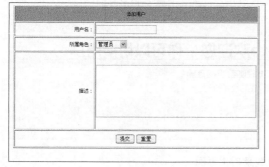

图 3-51　添加用户页面

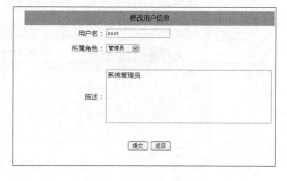

图 3-52　修改用户页面

图 3-53　删除用户页面

6. 项目效果总结

完成以下功能并掌握相关知识：

（1）登录。

（2）角色管理（添加、修改、查看、删除）。

（3）用户管理（添加、修改、删除、查看）。

（4）切换用户。

（5）密码修改。

（6）页面上功能和资源访问权限限定。

（7）编码规范。

◎课业

巩固 MVC 框架结构，进行项目功能扩展。

3.2.2　项目 4　投票平台管理系统

1. 项目目标

通过投票平台管理系统功能实现，加强学生对 JSP、Servlet 技术的熟练使用，同时熟练开发 Web 应用程序所用到的相关知识点；巩固 JSP 中的 JSTL 和 EL 等知识点的理解和应用；使用 JSP 的 model2 模型开发，即 JSP+Servlet+JavaBean，加深对 MVC 的理解；对所学的 JSP 技术进行综合应用。

2. 项目描述

在信息化建设越来越完善、网民群体日益庞大的今天，网络投票因其实施费用低、群众参与度广等优点已经成为民主评议的一个重要方式。网络投票平台提供了一个可以发布投票的平台，用户可以发布投票信息，由广大网民来投票。

网络投票平台提供新建投票、发布投票、修改投票、结束投票、删除投票和查看投票结果功能。新建投票类型有单选型和多选型，当网络投票平台发布投票信息后，网民可以参加投票，还可以查看投票结果。

3. 项目知识点分析

（1）JSP 中的 JSTL 和 EL。

（2）JSP 中的隐式对象。

（3）JSP+JDBC 的应用。

（4）JSP model2（JSP+Servlet+JavaBean）。

（5）MVC。

（6）会话跟踪。

4. 项目知识储备

Java 语言、JDK 1.7 或以上、Eclipse、MyEclipse 10 或以上、Tomcat 7.0 以上版本、MySQL 或 SQL Server 2008 等数据库。

5. 项目方案实施

1）网络投票平台分为前台和后台

（1）后台功能。

①登录。用户输入用户名和密码，用户名和密码都正确后，才可进入网络投票平台后台页面。

②新建投票。新建投票，就是用户创建一个新的投票内容，包括投票标题、内容、类型、开始时间、结束时间和选项，其中新建投票类型有单选型和多选型，根据需要可以动态地添加和删除选项。

③发布投票。新建投票后，在前台页面并不能看到。只有后台管理用户选择某个投票信息，然后发布投票后，前台页面才能显示。

④修改投票。修改投票内容，已发布的投票，不能修改。

⑤结束投票。只有已发布的投票才能结束投票，后台用户主动结束投票，已结束投票不能再投票。

⑥删除投票。无论是已发布投票还是未发布投票，后台用户都可以主动删除投票信息。

（2）前台功能。

①参加投票。根据网站提供的投票内容，选择其关心的内容投票。

②查看投票结果。可以随时查看投票结果，投票结果以票数和百分比形式显示。

2）要求

按照如下结构创建包：

com.model.servlet，控制层 Servlet 包。

com.model.connection，数据库连接包。

com.model.dao，数据访问类包。

com.model.vo，实体包。

com.model.util，工具包。

3）参考界面

所有参考界面如图 3-54~图 3-68 所示。

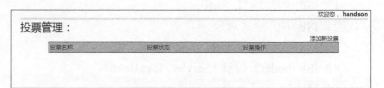

图 3-54　后台登录　　　　　　　　　　　　　图 3-55　登录后的主窗体

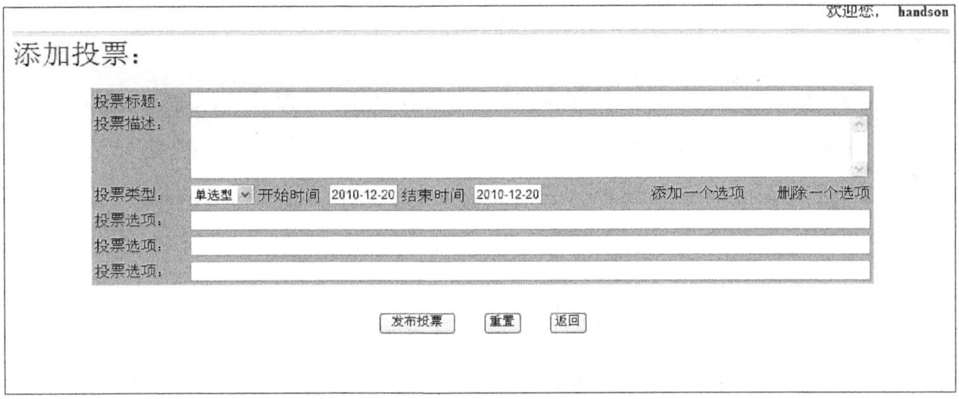

图 3-56　添加新投票——单选类型

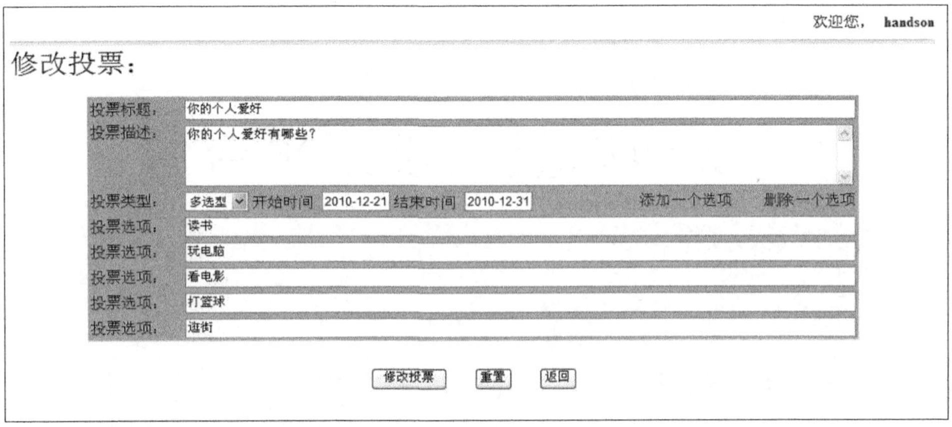

图 3-57　添加新投票——多选类型

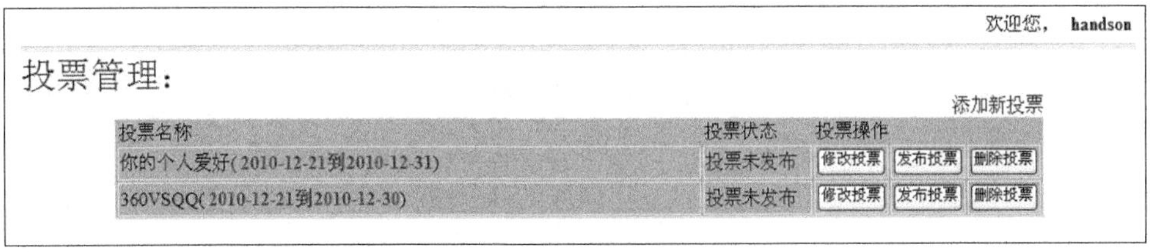

图 3-58　添加完新投票后的后台主窗体

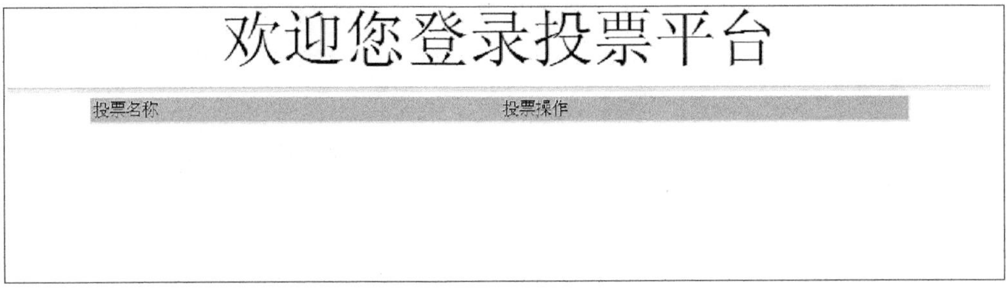

图 3-59　前台主页面

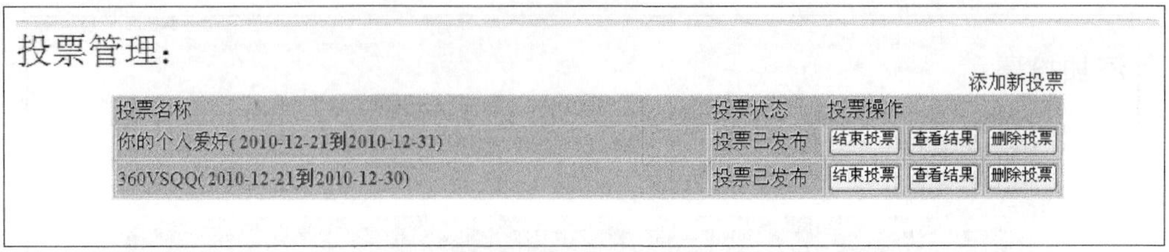

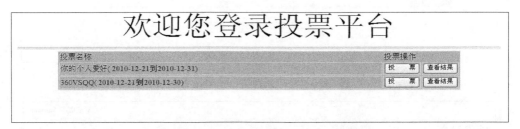

图 3-60　发布投票

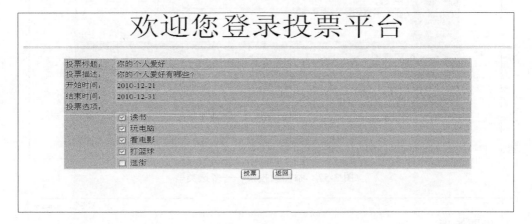

图 3-61　后台发布投票后的前台窗体显示

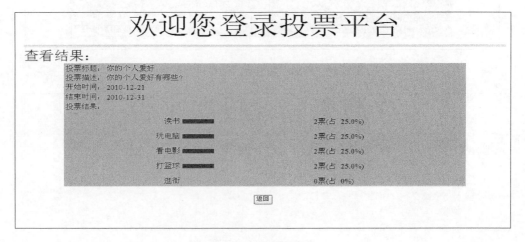

图 3-62　前台投票

图 3-63　投票结果 1

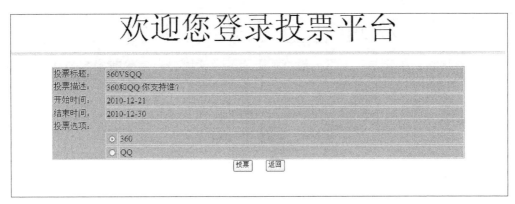

图 3-64　投票

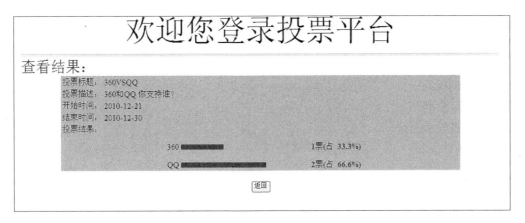

图 3-65　投票结果 2

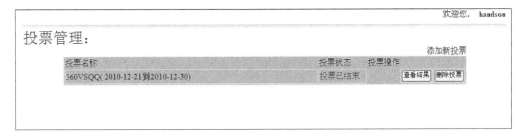

图 3-66　后台结束投票

图 3-67　删除投票提示

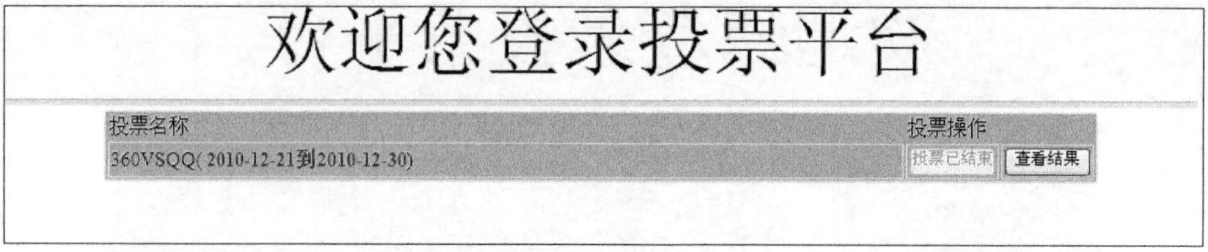

欢迎您登录投票平台

投票名称		投票操作
360VSQQ(2010-12-21到2010-12-30)		投票已结束　查看结果

图 3-68　投票结束，前台显示

6. 项目效果总结

完成以下功能并掌握相关知识点：
（1）用户登录。
（2）新建投票。
（3）发布投票。
（4）修改投票。
（5）结束投票。
（6）删除投票。
（7）查看投票结果。
（8）编码规范。

◎课业

掌握 MVC 工作原理及其基本使用，自行完成售票管理系统。

附录一　　SVN 服务器配置

SVN 服务器，即 VisualSVN Server。

1. VisualSVN Server

　VisualSVN Server 是免费的，而 VisualSVN 是收费的。VisualSVN 是 SVN 的客户端，和 Visual Studio 集成在一起，但是不免费，使用 AnkhSVN（Visual Studio 2008 插件）来代替 VisualSVN。VisualSVN Server 是 SVN 的服务器端，包括 Subversion、Apache 和用户及权限管理。

2. VisualSVN Server 安装过程

　下载后，运行 VisualSVN-Server-2.1.4.msi 程序，单击 Next 按钮，下面的截图顺序就是安装步骤。

（1）安装首页界面，如附图 1-1 所示。

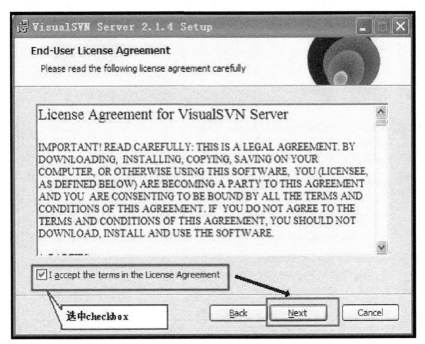

附图 1-1　安装 SVN Server(一)

（2）选择组件为服务器和管理终端功能，如附图 1-2 所示。

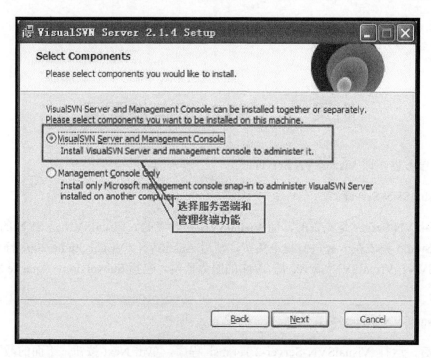

附图 1-2　安装 SVN Server(二)

（3）自定义安装配置，如附图 1-3 所示。

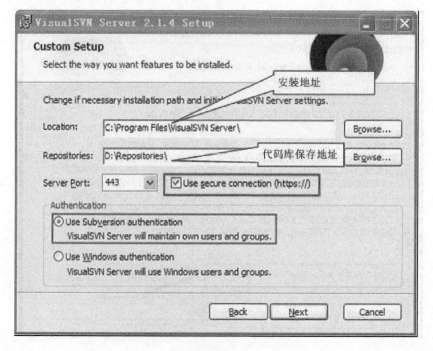

附图 1-3　安装 SVN Server（三）

　　注意：代码库保存地址可以选择合适的目录，这个代码库 Repositories 是根目录，创建了就不能删除，如果删除了，VisualSVN Server 就不能运作。

　　实际上这个 Repositories 文件夹创建了之后就可以不用理会它了，也不用去文件夹里面修改里面的文件，如附图 1-4 和附图 1-5 所示。

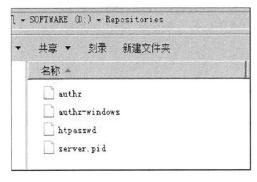

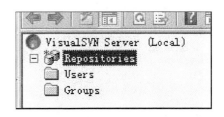

附图 1-4　根目录　　　　　　　　　　　　附图 1-5　文件夹

　　如果不选择 Use secure connection，Server Port 那里，默认端口有 80/81/8080 三个；如果选中最后面的 CheckBox，则表示使用安全连接（https 协议），端口只有 433/8433 两个可用。

　　（4）单击 Install 按钮，进行安装，如附图 1-6 所示。

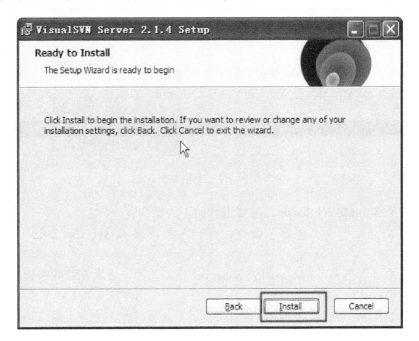

附图 1-6　安装 VisualSVN Server

（5）安装成功，服务启动，如附图 1-7 所示。

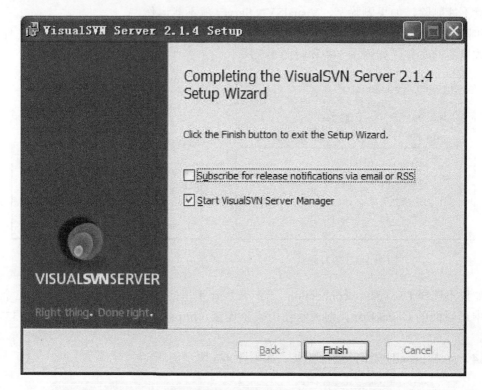

附图 1-7　安装完成

安装后会添加 VisualSVN Server 服务，如附图 1-8 所示。

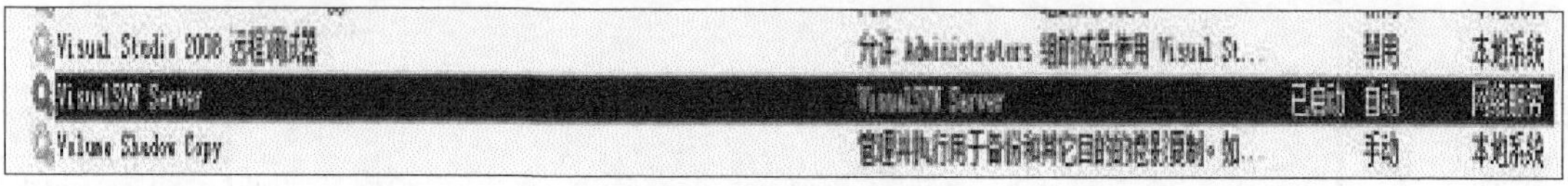

附图 1-8　添加服务

如果要卸载 VisualSVN Server，需要进行如下的操作。

（1）执行"开始"→"运行"命令，在输入框行输入 services.msc，单击"确定"按钮。

（2）进入服务管理器，把 VisualSVN Server 服务关掉，否则在卸载中途会提示进程还在运行不能卸载。

3. VisualSVN Server 配置与使用方法

安装好 VisualSVN Server 后，运行 VisualSVN Server Manger，下面是启动界面，如附图 1-9 所示。

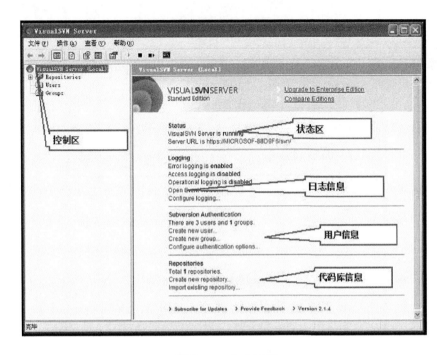

附图 1-9　启动界面

与 VSS 的区别: VisualSVN Server 里面的 Repositories 根节点相当于 VSS 里面的$符号根节点, 如附图 1-10 和附图 1-11 所示。

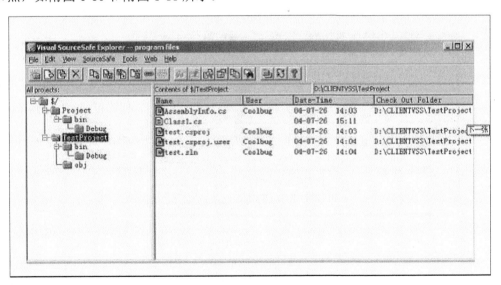

附图 1-10　内容

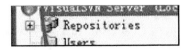

附图 1-11　文件夹

4. 添加代码库 StartKit

下面添加名称为"StartKit"的代码库（Repository），并进行相关设置。

（1）创建代码库 StartKit，如附图 1-12 所示。

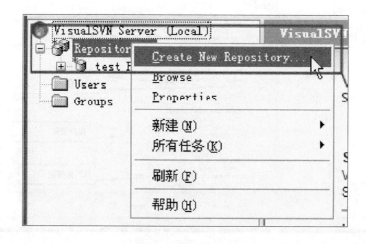

附图 1-12　创建项目

（2）代码库基本配置，创建新的代码库，在附图 1-13 所示的文本框中输入代码库名称。

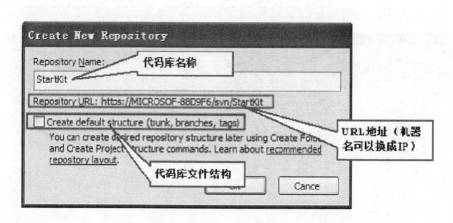

附图 1-13　创建

注意：Repository URL 地址是用来从客户端或者 Visual Studio 2008 中连接服务器的。机器名可以改成局域网 IP 或者公网域名，公网 IP 或者计算机名，这里用的安全连接模式为 https 协议。

附图 1-13 中的代码库文件结构 CheckBox 如果选中，则在代码库 StartKit 下面会创建 trunk、branches、tags 三个子目录；不选中，则只创建空的代码库 StartKit。默认不选中。

单击 OK 按钮，代码库就创建成功了，如附图 1-14 所示。

附图 1-14　创建完成

5. 代码库安全性设置，用户和用户组

下面，开始安全性设置，右击左侧的 Users 项目。

（1）创建用户。

创建用户，并设置用户名和密码，如附图 1-15 所示。

输入附图 1-16 所示的信息，单击 OK 按钮，就创建了一个用户。按照上面的过程，分别添加用户 startKiter1、startKiter2、startKiter3。

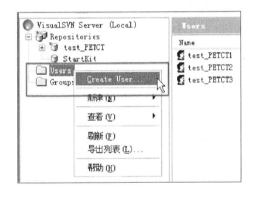

附图 1-15　创建项目　　　　　　　　　　附图 1-16　创建完成

注意：有多少个开发人员就创建多少个用户，每个开发人员拥有一个用户，和 VSS 一样，每个开发人员保管好自己的用户名和密码。

（2）添加这些用户到刚才创建的项目里。

右击代码库 StarKit，选择属性选项，弹出属性对话框如附图 1-17 所示。

单击附图 1-18 中的 Add 按钮，在附图 1-19 中选择刚才添加的用户，单击 OK 按钮。

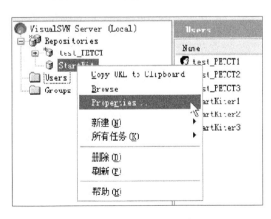

附图 1-17　属性对话框

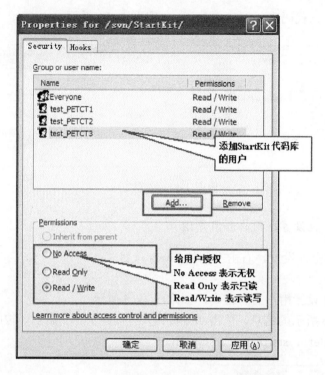

附图 1-18　创建

注意：大家可能注意到了附图 1-17 中的 Groups，是的，也可以先创建组，把用户添加到各个组中，然后对组进行授权，操作比较简单，在此略过。

（3）创建组，并选择该组的用户，如附图 1-19 所示。

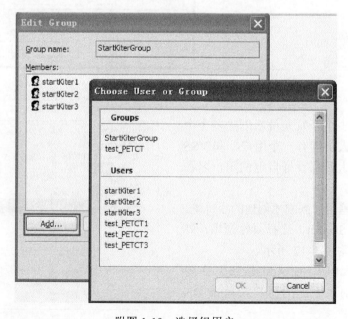

附图 1-19　选择组用户

至此，VisualSVN Server 的使用就介绍完了。

下面介绍 SVN 客户端——MyEclipse 插件。

（1）导入项目。执行 File→Import 命令，如附图 1-20 所示。

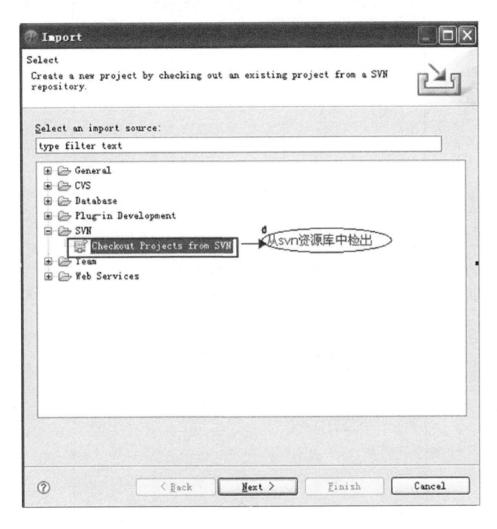

附图 1-20　选择文件

如果对话框中没有 SVN 这一条目，可能是因为没有安装 SVN 插件，请先行安装 SVN 插件。

单击 Next 按钮进入附图 1-21。

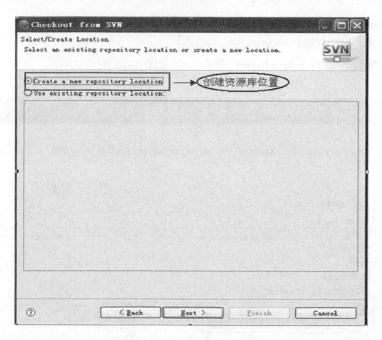

附图 1-21　创建资源库位置

单击 Next 按钮进入附图 1-22，输入 SVN 服务器的 IP 地址，包括端口号和文件夹等完整路径。

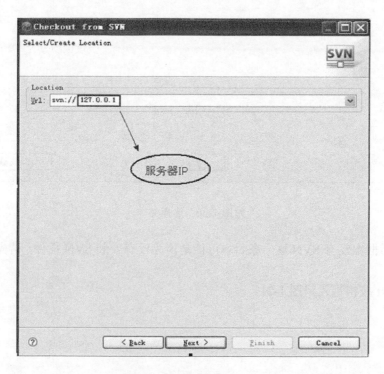

附图 1-22　输入服务器 IP

单击 Next 按钮进入附图 1-23。

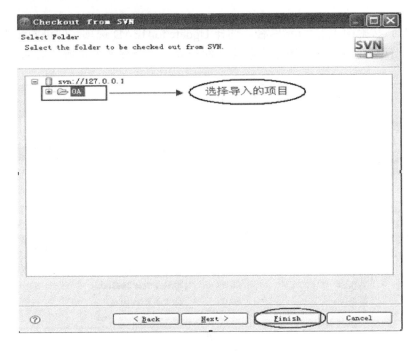

附图 1-23　完成

输入用户名/密码，即可成功导入。

导入完成后，出现如附图 1-24 所示的界面。

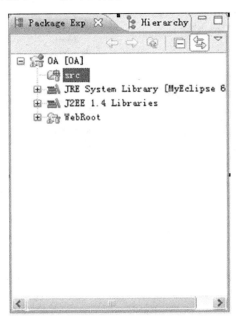

附图 1-24　导入完成界面

（2）更新（更新到最新版本）。如何保证项目和服务器上的代码等一致，这就需要更新操作了。

右击项目，按附图 1-25 所示路径，选择 Update to HEAD 选项，即可同步更新项目了。

注意：进行更新后，在本地更改了的文件一般是不会被老版本所覆盖的。

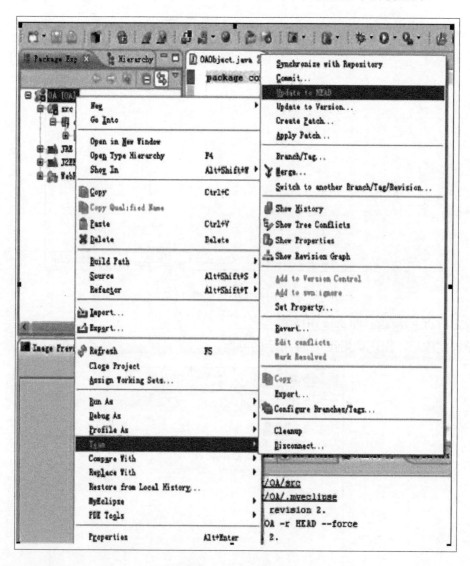

附图 1-25　显示信息

（3）锁（对要修改的文件加锁，防止文件冲突）。按附图 1-26 所示，对将要变更的文件加锁，这样别人就不能提交加锁了的文件，那么就不会造成文件的冲突。

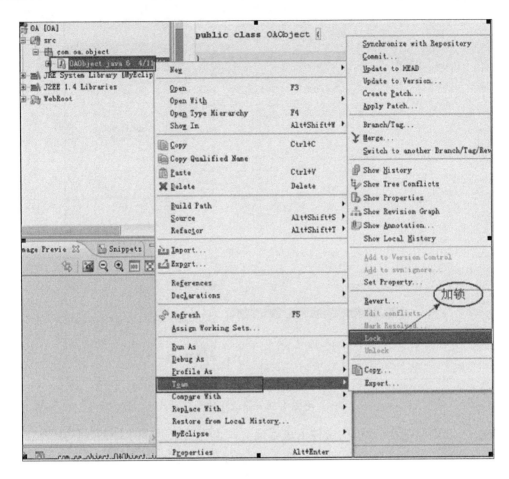

附图 1-26　加锁

（4）提交（项目修改后的提交）。

①如果本地对文件进行了修改，那么该文件的图标就会被打上"*"。

②如果本地添加了新文件，那么该文件的图标会被打上"？"。

该文件的上层节点图标会被打上"*"。

③……

如附图 1-27 所示的样式。

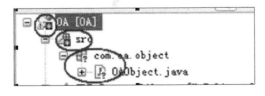

附图 1-27　提交

　　若想提交更改了的项目，则在需要提交的文件上单击，按附图 1-28 所示路径，选择 Commit 选项。

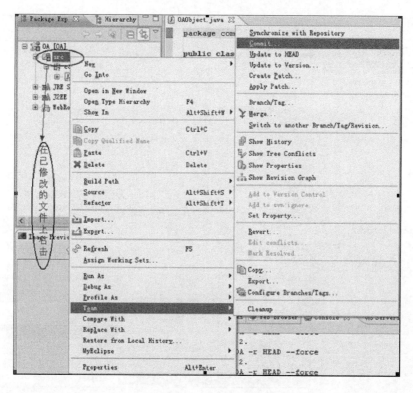

附图 1-28　修改文件

注意：不仅可以在更改了的文件上进行提交，也可以在更改的文件的上层节点上进行提交。

填写一些备注信息来管理版本信息，如附图 1-29 所示。

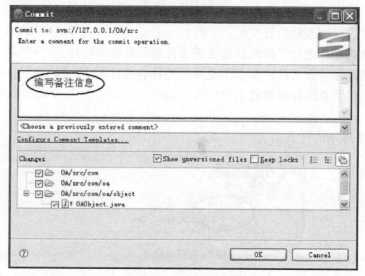

附图 1-29　编写备注信息

（5）解锁。对文件的操作完成后，要释放该文件，此时就要对文件进行解锁了。在需要解锁的文件上单击，按附图 1-30 所示路径，选择 Unlock 选项。

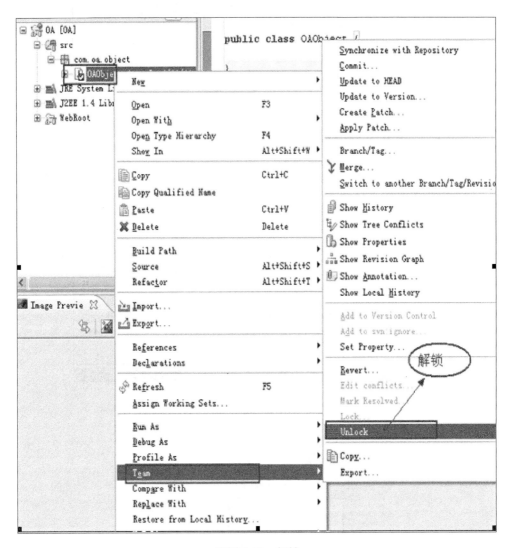

附图 1-30　解锁

（6）查看历史修改。如果想观察某个文件的修改历史，可以在文件上单击，按附图 1-31 所示路径，选择 Local History 选项，查看文件的版本信息。

出现该文件的历史修改信息后，可以根据系统提供的文件提交时间，找到需要的信息，如附图 1-32 所示。

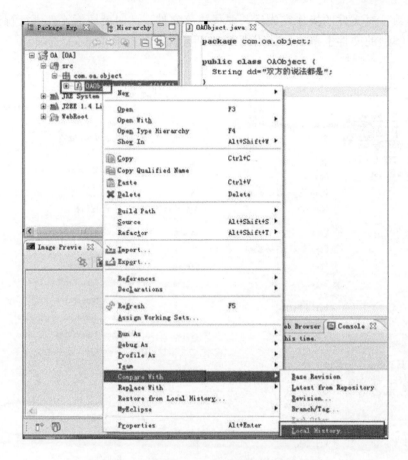

附图 1-31 修改信息

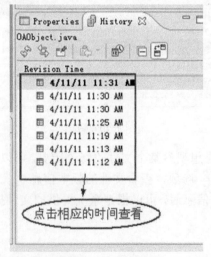

附图 1-32 点击查看

附录二　JUnit 单元测试

JUnit 知识点系统图如附图 2-1 所示。

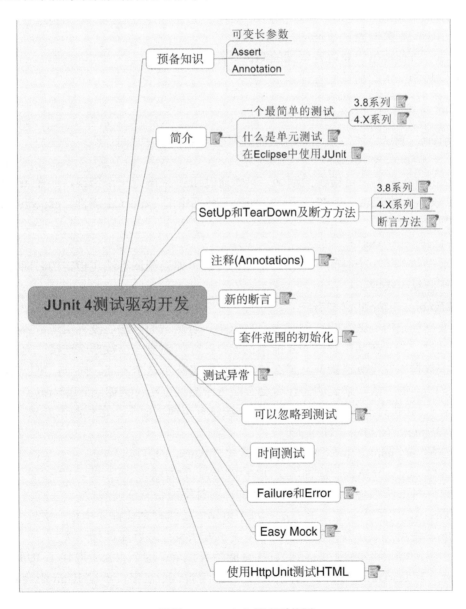

附图 2-1　JUnit 知识点系统图

1. JUnit 简介

JUnit 是由 Erich Gamma 和 Kent Beck 编写的一个回归测试框架（regression testing framework）。JUnit 测试是程序员测试，即白盒测试，因为程序员知道被测试的软件如何（how）完成功能和完成什么样（what）的功能。

JUnit 是一个开放源代码的 Java 测试框架，用于编写和运行可重复的测试。它是用于单元测试框架体系 xUnit 的一个实例（用于 Java 语言）。它包括以下特性。

（1）用于测试期望结果的断言（Assertion）。

（2）用于共享共同测试数据的测试工具。

（3）用于方便地组织和运行测试的测试套件。

（4）图形和文本的测试运行器。

2. JUnit 常见注解

1）@Test：测试方法，在这里可以测试期望异常和超时时间

```
@Test(expected=*.class)
```

在 JUnit 4.0 之前，对错误的测试，只能通过 fail 来产生一个错误，并在 try 块里面 assertTrue（true）来测试。现在，通过@Test 元数据中的 expected 属性。expected 属性的值是一个异常的类型。

```
@Test(timeout=xxx):
```

该元数据传入了一个时间（毫秒）给测试方法，如果测试方法在指定的时间之内没有运行完，则测试也失败。

2）@Ignore：忽略此测试方法

该元数据标记的测试方法在测试中会被忽略。若测试的方法还没有实现，或者测试的方法已经过时，或者在某种条件下才能测试该方法（如需要一个数据库连接，而在本地测试的时候，数据库并没有连接），那么使用该标签来标示这个方法。同时，可以为该标签传递一个 String 的参数，来表明为什么会忽略这个测试方法。例如，@Ignore（"该方法还没有实现"），在执行的时候，仅会报告该方法没有实现，而不会运行测试方法。

3）@Before ，@After（针对实例）

使用注解 org.junit.Before 修饰用于初始化 Fixture 的方法。

使用注解 org.junit.After 修饰用于注销 Fixture 的方法。

保证这两种方法都使用 public void 修饰，而且不能带有任何参数。

@Before：使用了该元数据的方法在每个测试方法执行之前都要执行一次。

@After：使用了该元数据的方法在每个测试方法执行之后要执行一次。

注意：@Before 和@After 标示的方法只能各有一个。这个相当于取代了 JUnit 以前版本中的 setUp 和 tearDown 方法，当然你还可以继续叫这个名字，不过 JUnit 不会霸道地要求你这么做。

4）@BeforeClass，@AfterClass（针对类）

使用注解 org,junit.BeforeClass 修饰用于初始化 Fixture 的方法。

使用注解 org.junit.AfterClass 修饰用于注销 Fixture 的方法。

保证这两种方法都使用 public static void 修饰，而且不能带有任何参数。

代码 **2.1**

```java
package com.sc.annotation;
public class Calculator
{
    public double add(double num1,double num2){
        return num1+num2;
    }

    public double div(double num1,double num2){
        if(num2==0){
            throw new RuntimeException();
        }else{
            return num1/num2;
        }
    }

    public void separate(){
        try
        {
            Thread.sleep(5000);
        }
        catch (InterruptedException e)
        {
            e.printStackTrace();
        }
    }

    public void myworld(){
        System.out.println("no test");
    }
}
```

相应的测试代码如下。

```java
package com.sc.annotation;

import static org.junit.Assert.assertEquals;
import org.junit.After;
```

```java
import org.junit.AfterClass;
import org.junit.Before;
import org.junit.BeforeClass;
import org.junit.Ignore;
import org.junit.Test;

public class CalculatorTest
{

    @BeforeClass
    public static void setUpBeforeClass() throws Exception
    {
        System.out.println("======@BeforeClass=========");
    }

    @AfterClass
    public static void tearDownAfterClass() throws Exception
    {
        System.out.println("======@AfterClass=========");
    }

    @Before
    public void setUp() throws Exception
    {
        System.out.println("======@Before=========");
    }

    @After
    public void tearDown() throws Exception
    {
        System.out.println("======@After=========");
    }

    @Test
    public void testAdd()
    {
        Calculator calculator=new Calculator();
        double result=calculator.add(1, 2);
        assertEquals(3, result, 0);
```

```
    }

    @Test(expected=java.lang.RuntimeException.class)
    public void testDiv()
    {
        Calculator calculator=new Calculator();
        calculator.div(5, 0);
    }

    @Test(timeout=2000)
    public void testSeparate(){
        Calculator calculator=new Calculator();
        calculator.separate();
    }

    @Ignore
    public void myworld(){
        System.out.println("no test");
    }
}
```

测试结果如附图 2-2 所示。

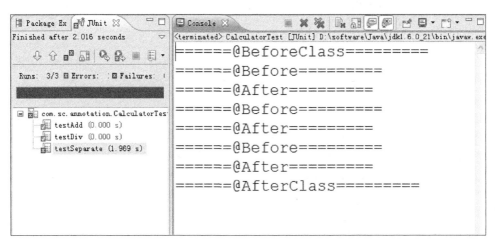

附图 2-2　测试结果图

5）@RunWith，@Parameters 参数化测试

若方法是求一个数的绝对值，我们都知道，这个方法至少需要三组数据测试，分别为正数、负数、零。对于这样的测试方法就要使用参数化测试。

JUnit4 中参数化测试要点如下。

（1）测试类必须由 Parameterized 测试运行器修饰。

（2）准备数据。数据的准备需要在一个方法中进行，该方法需要满足一定的要求。

①该方法必须由 Parameters 注解修饰。

②该方法必须为 public static 的。

③该方法必须返回 Collection 类型。

④该方法的名字不做要求。

⑤该方法没有参数。

代码 2.2

```java
package com.sc.annotation;

public class ParamsUnit
{
    /*
     *
     *@function:求一个数的绝对值
     *@param:num 指定的一个数
     *@return: double 绝对值
     */
    public double absoluteValue(double num){
        if(num==0){
            return 0;
        }else if(num>0){
            return num;
        }else{
            return -num;
        }
    }
}
```

相应的测试代码如下。

```java
package com.sc.annotation;

import static org.junit.Assert.*;
import java.util.Arrays;
import java.util.Collection;
import org.junit.Test;
import org.junit.runner.RunWith;
import org.junit.runners.Parameterized;
import org.junit.runners.Parameterized.Parameters;
```

```java
@RunWith(Parameterized.class)
public class ParamsUnitTest
{
    private double input;
    private double expected;

    public ParamsUnitTest(double input, double expected)
    {
        this.input = input;
        this.expected = expected;
    }

    @Test
    public void testAbsoluteValue()
    {
        ParamsUnit  pu=new ParamsUnit();
        double actual=pu.absoluteValue(input);
        assertEquals(expected, actual, 0);
    }

    @Parameters
    public static Collection prepareData(){
        Object[][] params={{12.8,12.8},{-8.6,8.6},{0,0}};
        return Arrays.asList(params);
    }
}
```

6）@SuiteClasses 测试套件

组合多个测试类，JUnit 提供了测试套件的概念，可以将多个测试类组合成一个测试集合。测试套件的使用方法如下。

（1）创建一个空类作为测试套件的入口。

（2）使用注解@RunWith(Suite.class)修饰这个类。

（3）将要测试的类组成参数传给@SuitClasses。

（4）这个空类必须有一个空的无参构造函数。

代码 2.3

```java
package com.sc.annotation;

import org.junit.runner.RunWith;
import org.junit.runners.Suite;
import org.junit.runners.Suite.SuiteClasses;
```

```
/*
*comment:测试套件，将多个测试类放在一起运行
*/
@RunWith(Suite.class)
@SuiteClasses({CalculatorTest.class,ParamsUnitTest.class})
public class TestSuit
{
}
```

下面介绍断言。

比较预期的结果和实际测试结果是否一样。

相等断言：8大基本类型加上对象类型和字符串类型。

引用断言：4类，即空与不空，同与不同。

真假断言：2类，即真、假。

直接断言：1类。

相等断言 （10种类型）如下。

对象等于断言：

```
static public void assertEquals(String message, Object expected, Object
actual)
static public void assertEquals(Object expected, Object actual)
```

字符串等于断言：

```
static public void assertEquals(String message, String expected, String
actual)
static public void assertEquals(String expected, String actual)
```

八大基本类型的值相等断言：

```
static public void assertEquals(String message, double expected, double
actual, double delta)
static public void assertEquals(double expected, double actual, double
delta)
static public void assertEquals(String message, float expected, float actual,
float delta)
static public void assertEquals(float expected, float actual, float delta)
static public void assertEquals(String message, long expected, long actual)
static public void assertEquals(long expected, long actual)
static public void assertEquals(String message, boolean expected, boolean
actual)
static public void assertEquals(boolean expected, boolean actual)
static public void assertEquals(String message, byte expected, byte actual)
static public void assertEquals(byte expected, byte actual)
static public void assertEquals(String message, char expected, char actual)
```

```
static public void assertEquals(char expected, char actual)
static public void assertEquals(String message, short expected, short
actual)
static public void assertEquals(short expected, short actual)
static public void assertEquals(String message, int expected, int actual)
static public void assertEquals(int expected, int actual)
```

真假断言如下。

```
static public void assertTrue(String message, boolean condition)
static public void assertTrue(boolean condition)
static public void assertFalse(String message, boolean condition)
static public void assertFalse(boolean condition)
```

直接失败断言如下。

```
static public void fail(String message)
static public void fail()
```

引用断言如下。

引用空与非空：

```
static public void assertNotNull(Object object)
static public void assertNotNull(String message, Object object)
static public void assertNull(Object object)
static public void assertNull(String message, Object object)
```

引用相同与不同断言：

```
static public void assertSame(String message, Object expected, Object
actual)
static public void assertSame(Object expected, Object actual)
static public void assertNotSame(String message, Object expected, Object
actual)
static public void assertNotSame(Object expected, Object actual)
```

3.特殊情况测试

1）方法无返回值

方法如果没有返回值，则要对该方法进行分析，一般来说，无返回值函数主要针对异常或者该方法所影响引用类型的数据进行测试。

2）方法返回值为 List

方法的返回值为 List 类型，断言中 public static void assertArrayEquals(Object[ ]expecteds, Object[ ]actuals)，提供了判断两个数组对象中的元素个数，以及对应位置上的元素是否相等的判断，可以借助于断言进行判断。

4.JUnit 实践部分

1）DAO 层测试

　　按照 Kent Back 的观点，单元测试最重要的特性之一应该是可重复性。不可重复的单元测试是没有价值的。因此好的单元测试应该具备独立性和可重复性，对于业务逻辑层，可以通过 Mockito 底层对象和上层对象来获得这种独立性和可重复性。而 DAO 层因为是和数据库打交道的层，其单元测试依赖于数据库中的数据。要实现 DAO 层单元测试的可重复性就需要对每次因单元测试引起的数据库中的数据变化进行还原，也就是保护单元测试数据库的数据现场。代码如附图 2-3 所示。

```java
public E getEntity(Class<E> type,int id){
    return (E)getHibernateTemplate().get(type, id);
}

public E saveOrUpdate(E entity) {
    getHibernateTemplate().saveOrUpdate(entity);
    return entity;
}

public void delete(final String arrayId) {
    final String hql="update UserBean set state=0 where appuserId in ("+arrayId
    getHibernateTemplate().execute(new HibernateCallback(){
        public Object doInHibernate(Session session)
                throws HibernateException, SQLException {
            Query query=session.createQuery(hql);
            int num=query.executeUpdate();
            return num;
        }
    });
}
```

附图 2-3　代码展示

单元测试类如下。

```java
package com.sc.dao.impl;

import static org.junit.Assert.*;
import org.junit.AfterClass;
import org.junit.BeforeClass;
import org.junit.Ignore;
import org.junit.Test;
import org.springframework.beans.factory.BeanFactory;
import org.springframework.context.support.FileSystemXmlApplicationContext;

import com.sc.dao.IBaseDAO;
import com.sc.po.UserBean;

public class BaseDAOImplTest {

private static BeanFactory beanFactory;
private static IBaseDAO baseDao;

@BeforeClass
```

```java
public static void setUpBeforeClass() throws Exception {
    beanFactory = new FileSystemXmlApplicationContext(
        "/WebRoot/WEB-INF/applicationContext.xml");
    baseDao=(IBaseDAO)beanFactory.getBean("baseDao");
}

@AfterClass
public static void tearDownAfterClass() throws Exception {
    beanFactory=null;
    baseDao=null;
}

@Test
public void testGetEntity(){
    UserBean bean=(UserBean)baseDao.getEntity(UserBean.class, 48);
    assertEquals("修改数据",bean.getRealName());
    assertEquals("13869862722", bean.getPhone());
    assertEquals("123456", bean.getPassword());
    assertEquals("junit", bean.getUserName());
    assertEquals(1,bean.getState());
}

@Test
public void testSaveOrUpdate1() {
    UserBean bean=new UserBean();
    bean.setPassword("123456");
    bean.setPhone("13869862722");
    bean.setRealName("junit 测试");
    bean.setState(1);
    bean.setUserName("junit");
    bean=(UserBean)baseDao.saveOrUpdate(bean);
    assertNotNull("添加数据",bean.getAppuserId());
}
@Test
public void testSaveOrUpdate2() {
    UserBean bean=new UserBean();
    bean.setAppuserId(48);
    bean.setPassword("123456");
    bean.setPhone("13869862722");
    bean.setRealName("修改数据");
    bean.setState(1);
```

```
        bean.setUserName("JUnit");
        bean=(UserBean)baseDao.saveOrUpdate(bean);
        //原始数据
        UserBean user=(UserBean)baseDao.getEntity(UserBean.class, 48);
        assertEquals("修改数据",user.getRealName(), bean.getRealName());
    }

    @Test
    public void testDelete() {
        String arrayId="44,45,46,47";
        baseDao.delete(arrayId);
        UserBean bean1=(UserBean)baseDao.getEntity(UserBean.class, 44);
        assertEquals(0, bean1.getState(), 0);
        UserBean bean2=(UserBean)baseDao.getEntity(UserBean.class, 45);
        assertEquals(0, bean2.getState(), 0);
        UserBean bean3=(UserBean)baseDao.getEntity(UserBean.class, 46);
        assertEquals(0, bean3.getState(), 0);
        UserBean bean4=(UserBean)baseDao.getEntity(UserBean.class, 47);
        assertEquals(0, bean4.getState(), 0);
    }}
```

2）业务层测试

业务层主要测试业务逻辑，测试代码如下。

```
import org.junit.AfterClass;
import org.junit.BeforeClass;
import org.junit.Test;
import org.springframework.beans.factory.BeanFactory;
import org.springframework.context.support.FileSystemXmlApplicationContext;

import com.sc.business.UserBusiness;
import com.sc.dao.IBaseDAO;
import com.sc.po.UserBean;
import com.sc.util.PageModel;

public class UserBusinessImplTest {

    private static BeanFactory beanFactory;
    private static UserBusiness userBussiness;
    private static IBaseDAO baseDao;

    @BeforeClass
```

```java
public static void setUpBeforeClass() throws Exception {
    beanFactory = new FileSystemXmlApplicationContext(
    "/WebRoot/WEB-INF/applicationContext.xml");
    userBussiness=(UserBusiness)beanFactory.getBean("userBusiness");
    baseDao=(IBaseDAO)beanFactory.getBean("baseDao");
}

@AfterClass
public static void tearDownAfterClass() throws Exception {
    beanFactory=null;
    userBussiness=null;
}

@Test
public void testLoginOrNot1() {
    UserBean bean=userBussiness.loginOrNot("admin","123456");
    assertNotNull(bean);
}
@Test
public void testLoginOrNot2() {
    UserBean bean=userBussiness.loginOrNot("wudi","wudi");
    assertNull(bean);
}

@Test
public void testSplitPage() {
    List<UserBean> list=new ArrayList<UserBean>();
    UserBean u1=(UserBean)baseDao.getEntity(UserBean.class, 1);
    UserBean u2=(UserBean)baseDao.getEntity(UserBean.class, 2);
    UserBean u3=(UserBean)baseDao.getEntity(UserBean.class, 3);
    UserBean u4=(UserBean)baseDao.getEntity(UserBean.class, 4);
    UserBean u5=(UserBean)baseDao.getEntity(UserBean.class, 5);
    list.add(u1);
    list.add(u2);
    list.add(u3);
    list.add(u4);
    list.add(u5);
    PageModel<UserBean> page=userBussiness.splitPage(1,5);
    assertEquals(1, page.getItemCount());
    assertEquals(1, page.getCurPage());
    assertEquals(1, page.getNextindex());
```

```
        assertEquals(1, page.getPageSize());
        assertEquals(1, page.getPerindex());
        assertEquals(1, page.getTotalPage());
        assertArrayEquals(list.toArray(), page.getReList().toArray());
    }


    @Test
    public void testAddUser() {
        fail("Not yet implemented");
    }


    @Test
    public void testDelUser() {
        fail("Not yet implemented");
    }


    @Test
    public void testId2User() {
        fail("Not yet implemented");
    }


    @Test
    public void testModUser() {
        fail("Not yet implemented");
    }


    @Test
    public void testGetUserDao() {
        fail("Not yet implemented");
    }


    @Test
    public void testSetUserDao() {
        fail("Not yet implemented");
    }
}
```

3）Action 层测试

一般对于 Action 层来说，里面一般处理的是视图展示，涉及业务逻辑的代码都应该放在业务层，所以 Action 层一般可以不写测试代码。当然，如果 Action 中也包含业务逻辑，可以像测试业务层一样来测试 Action。